建筑施工特种作业人员安全技术考核培训统编教材

建筑施工特种作业安全生产知识

主　编　程国强　任彦斌
副主编　孙　超

中国劳动社会保障出版社

图书在版编目(CIP)数据

建筑施工特种作业安全生产知识/程国强,任彦斌主编. —北京:中国劳动社会保障出版社,2011

建筑施工特种作业人员安全技术考核培训统编教材

ISBN 978-7-5045-8951-4

Ⅰ.①建… Ⅱ.①程…②任… Ⅲ.①建筑工程-工程施工-安全技术-技术培训-教材 Ⅳ.①TU714

中国版本图书馆 CIP 数据核字(2011)第 037531 号

中国劳动社会保障出版社出版发行

(北京市惠新东街1号 邮政编码:100029)

出 版 人:张梦欣

*

北京隆昌伟业印刷有限公司印刷装订 新华书店经销
850 毫米×1168 毫米 32 开本 6.5 印张 158 千字
2011 年 4 月第 1 版 2011 年 4 月第 1 次印刷
定价:18.00 元

读者服务部电话:010-64929211/64921644/84643933
发行部电话:010-64961894
出版社网址:http://www.class.com.cn

版权专有 侵权必究
举报电话:010-64954652

如有印装差错,请与本社联系调换:010-80497374

内容简介

本书为建筑施工特种作业人员培训教材之一,根据《建筑施工特种作业人员管理规定》《建筑施工特种作业人员安全技术考核大纲(试行)》《建筑施工特种作业人员安全操作技能考核标准(试行)》等相关规定,介绍了安全生产法律法规,特种作业人员管理制度、高处作业安全知识、安全防护、标志、消防、急救知识、安全用电等建筑施工特种作业安全生产基本知识。

本书作为建筑施工特种作业人员培训教材中的通用教材,是各工种必选分册,也可供安全员、安全监理人员及其安全管理人员学习参考。

前　言

建筑施工是高危行业之一，从事建筑施工的作业人员按照规定分为电工等若干工种，其安全生产管理历来受到政府高度重视。所谓建筑施工特种作业人员，是指在房屋建筑和市政工程施工活动中，从事可能对本人、他人及周围设备设施的安全造成重大危害的作业人员。为加强对建筑施工特种作业人员的管理，防止和减少生产安全事故，住房和城乡建设部于2008年先后发布施行了《建筑施工特种作业人员管理规定》（以下简称《规定》）和《关于建筑施工特种作业人员考核工作的实施意见》。根据《建设工程安全生产管理条例》和《安全生产许可证条例》相关规定，建筑施工特种作业人员必须按照国家有关规定经过专门的安全作业培训，并取得特种作业操作资格证书后，方可上岗作业。特种作业人员的安全技术考核培训和管理工作又上了一个新台阶。

目前，建筑施工特种作业人员培训考核工作已经正式开展并取得了良好的效果，培训单位和培训人员急需有针对性和实用性的教材。有鉴于此，根据住房和城乡建设部颁布的《规定》和《建筑施工特种作业人员安全技术考核大纲（试行）》《建筑施工特种作业人员安全操作技能考核标准（试行）》的要求，我们组织编写了"建筑施工特种作业人员安全技术考核培训统编教材"。本套教材共14种：《建筑施工特种作业安全生产知识》《建筑电工》《建筑焊工》《建筑架子工（普通脚手架）》《建筑架子工（附着升降脚手架）》《建筑起重司索信号工》《建筑起重机械司机

(塔式起重机)》《建筑起重机械司机(流动式起重机)》《建筑起重机械司机(施工升降机)》《建筑起重机械司机(物料提升机)》《建筑起重机械安装拆卸工(塔式起重机)》《建筑起重机械安装拆卸工(施工升降机)》《建筑起重机械安装拆卸工(物料提升机)》《高处作业吊篮安装拆卸工》。其中,《建筑施工特种作业安全生产知识》为每个工种必修的基础知识,也是通用教材。

本套教材针对建筑施工特种作业人员各工种的安全技术考核培训,紧扣考核大纲和技能操作考核标准,具有科学性、实用性和适用性的特点,内容深入浅出、通俗易懂并图文并茂。在本套教材编写过程中,地方建筑工程管理局、相关高职院校、培训单位和企业的专家、学者积极参与组织编写和稿件的审读工作,各书主编都是具有多年从事建筑施工特种作业人员培训经验的授课老师,使教材真正达到"少而精""实用、管用"。参加本套丛书编写的人员有:仝茂祥、徐惠、胡世杰、叶琦、黄代高、吴建华、王有志、鲍利、任彦斌、黄小明、程国强、张鸿文、孙超、周冠南、文熠。

由于时间关系,难免有错误和不足之处,欢迎广大读者给予批评指正。

编写工作组
2010年7月

目　　录

第一章　建筑安全概论……………………………………（1）

　　第一节　安全生产知识概述…………………………（2）
　　第二节　建筑安全生产的特点………………………（9）
　　第三节　建筑施工特种作业…………………………（12）

第二章　建设工程安全生产法律法规和规章制度………（16）

　　第一节　安全生产法律法规…………………………（17）
　　第二节　建筑安全生产主要法律法规和规章制度……（20）
　　第三节　从业人员的权利和义务……………………（31）

第三章　特种作业人员管理制度…………………………（38）

　　第一节　建筑施工特种作业人员管理制度…………（38）
　　第二节　安全生产管理制度…………………………（44）

第四章　高处作业安全知识………………………………（55）

　　第一节　概述…………………………………………（55）
　　第二节　建筑施工高处作业的安全措施……………（57）
　　第三节　建筑施工高处作业…………………………（59）

第五章　个人安全防护用品使用…………………………（73）

　　第一节　安全防护用品管理…………………………（73）
　　第二节　常用的个人安全防护用品…………………（77）

· I ·

第六章 安全标志、安全色 （89）

第一节 安全标志 （89）
第二节 安全色 （90）
第三节 施工现场安全标志设置 （92）

第七章 施工现场消防知识 （96）

第一节 消防知识概述 （96）
第二节 施工现场消防器材配置和使用 （100）
第三节 施工现场消防措施 （104）
第四节 季节防火要求 （115）

第八章 施工现场急救知识 （118）

第一节 应急救护 （118）
第二节 施工现场主要急救常识 （120）
第三节 现场呼吸复苏技术 （126）

第九章 施工现场安全用电知识 （130）

第一节 施工现场临时用电系统 （130）
第二节 施工现场用电设备 （131）
第三节 安全用电知识 （133）

第十章 建筑施工安全事故知识 （149）

第一节 事故及其分类 （149）
第二节 事故报告 （153）
第三节 事故调查处理 （155）
第四节 事故报告调查处理法律责任 （157）
第五节 建筑施工安全事故案例分析 （158）

附录一　法律法规节选……………………………………（173）
附录二　建筑施工特种作业操作资格证书样式……………（181）
附录三　建筑施工特种作业操作资格证书编号规则………（184）
附录四　施工现场常用安全标志……………………………（186）

参考文献…………………………………………………………（196）

第一章

建筑安全概论

　　安全生产体现了"以人为本，关爱生命"的思想。随着社会化大生产的不断发展，劳动者在生产经营活动中的地位不断提高，人的生命价值也越来越受到尊重。关心和维护从业人员的人身安全权利，是社会主义制度的本质要求，是实现安全生产的重要条件。现阶段在国家经济建设方针指导下，安全生产符合科学发展观，已成为全面建设小康社会的根本要求之一。安全生产搞不上去，伤亡事故大量发生，劳动者的生命安全得不到保障，就会严重影响和干扰全面建设小康社会的步伐，直接影响国民经济的快速发展，损害我国的国际形象，有损于社会主义制度的优越性，会给国家和社会造成巨大的损失。因此，安全生产事关人民群众生命财产安全、国民经济持续发展和社会稳定的大局。

　　改革开放以来，建筑业持续快速发展，在国民经济中的地位和作用逐渐增强，在国民经济各部门中居第四位，仅次于工业、农业、批发和零售贸易餐饮业，已成为我国重要的支柱产业之一。建筑业作为我国新兴的支柱产业，同时也是一个事故多发的行业，相对于其他行业来说更应该强调安全生产。

　　建筑施工的特点决定了建筑业是高危险、事故多发行业。施工生产的流动性、建筑产品的单件性和类型多样性、施工生产过程的复杂性决定了施工生产过程中不确定性难以避免，施工过程、工作环境必然呈多变状态，因此容易发生安全事故。另外，建筑施工露天、高处作业多，手工劳动及繁重体力劳动多，而劳动者素质又相对较低,这些都增加了不安全因素。从全球范围来看,建筑业事故率远远高于其他行业的平均水平。

工程安全是质量和效益的前提,没有安全意识或发生了安全事故,将直接影响社会稳定的大局,影响建设事业的健康发展。人民群众生命和财产安全是人民群众的根本利益所在,直接关系到社会的稳定和改革开放的大局。在谋求经济与社会发展的过程中,人的生命始终是最宝贵的。因此,加强建设工程安全生产监督管理是非常必要的。加强建筑施工安全生产管理,是实现产业健康发展的重要课题,历来是国内外建筑施工管理的重点。建筑安全事故多数与特种作业有关,尤其是起重机械拆装、施焊切割等施工作业,极易发生倾覆、坠落、坍塌、触电和火灾等生产安全事故,因此,建筑施工特种作业管理是建筑施工管理的重要内容之一。

第一节 安全生产知识概述

安全生产是人类社会活动的最基本需求,不仅关系到人的生命财产安全、家庭的幸福安康,而且还关系到产业的健康发展,乃至社会的和谐稳定。在安全生产中,通过了解、预测以及掌握各种危险源,提前采取措施来防范事故发生,降低事故对人的伤害或物的损失程度。

一、安全生产术语

1. 危险

危险是指系统中存在对人、财产或环境造成伤害的潜在状态。这种状态具有导致人员伤害、职业病、财产损失、作业环境破坏、生产活动中断的趋势。

危险的程度或严重性用危害发生的概率、频率或者伤害、损失的程度和大小衡量。

2. 安全

（1）"安全"一词的含义。从字面上看，安全是"无危则安，无损则全"。安全就是没有危险，不发生事故、灾害，不造成损失、伤害。

安全即人的安全，既是指在外界不利因素的作用下，使人的躯体及生理功能免受损伤、毒害或威胁，以及使人不感到惊恐、害怕，并能使人健康、舒适、高效率地工作和生活，参与各种社会活动的存在状态（一种有组织、有序的状态），也是指能防止各种灾害、损失、破坏发生的物质的、精神的或与物质相联系的客观保障因素、条件。

（2）安全的三要素。从"系统"的观点来看，安全包含三个不可或缺的要素：人——安全行为；物（自然物、人造物，如场所、设施、设备、原材料、产品等）——安全条件；人与物的关系——安全状态。此三者有机结合，构成一个动态的安全系统。人和物是安全系统中的直接要素，人离不开物，得益于物，也受害于物。人与物的关系是安全系统的核心，既是社会物质活动正常运转的必要条件，又是实现安全的手段，具有很强的可塑性。安全的三要素相互制约，并在一定条件下相互转化。

（3）广义和狭义的安全。广义的安全包括社会性安全和技术性安全，狭义的安全仅指技术性安全。社会性安全主要是由社会活动（人际交往）产生的安全，如国家安全、国际安全、政治安全、军事安全、国防安全、组织安全、人才安全、信息（情报、通信）安全、文化安全、经济安全、金融安全、企业安全、财务安全、家庭安全、社会环境安全（社会治安）等；技术性安全主要是由应用技术产生的安全，指广义的生产安全，即生产经营安全、劳动（职业）安全，包括人身（生命、健康）安全、财产安全、设备安全、工艺安全、设计安全、作业（工作）安全、产品安全、交通运输安全、建筑安全、生态环境安全等，是指生产经营过程中保护生产力诸要素，不发生人员伤亡、中毒、职业病和财产损失，使劳动者健康、舒适地工作，使生产经营活动正常、顺利进行的状态及其保障条件。

（4）安全的相对性

1）世界上没有绝对的安全。安全有明确的对象，有严格的时间、空间界限。安全具有相对性，即世上只有相对安全，没有绝对安全；只有暂时安全，没有永恒安全。在一定的时间、空间条件下，人们只能达到相对安全。安全三要素（即安全行为＋安全条件＋安全状态）均充分实现的理想化的绝对安全，只是一种可以无限逼近的"极限"，在现实中并不存在。

2）安全度与危险度。安全与危险实际上并不是完全对立、互不相容的概念。安全的程度即安全度，危险的程度即危险度，两者是一种互补关系，即安全度＋危险度＝1，安全度＝1－危险度。危险度是指可能造成人员伤害或者物质损失的程度，是特定危害性事件发生的可能性与后果的结合，也就是说，危险度＝危险发生后果×危险发生概率。如果某种危险发生的后果很严重，但发生的概率极低，而另一种危险发生的后果不很严重，但发生的概率很高，那么有可能后者的危险度高于前者，前者比后者安全。

人们把能够满足大多数人安全需要的最低危险度定为安全指标，只要事故率低于此指标，人们就认为是安全的。在不同的社会里、不同的技术条件下、不同的经济和文化环境中，安全指标往往是不同的。随着经济、社会的发展变化，该指标会不断提高。所以，安全也就是使人们免遭不可接受和承受的危险伤害的状态和条件。

3. 事故

事故是指造成死亡、伤害、疾病、损坏或者其他损失的意外事件，是突然发生在人们的生产活动和生活中，违反人们意志的负面事件。

事故隐患泛指生产系统中存在的导致事故发生的人的不安全行为、物的不安全状态以及管理上的缺陷。

4. 安全管理

安全管理是指为实现安全生产而组织和使用人力、物力和财力等各种物质资源的过程。它利用计划、组织、指挥、协调等管理手段，控制来自自然界的、机械的、物质的不安全因素及人的不安全行为，避免发生伤亡事故，保障职工的生命安全和健康，保证生产顺利进行。

建筑安全管理是指建设行政主管部门、建设安全监督管理机构、建设施工企业以及相关单位对建设工程施工过程中的安全工作，依据相关法律、法规、标准以及规范，确定建设工程安全生产方针及实施安全生产方针的全部职能和工作内容，进行有效的计划、组织、指挥、控制和监督，并对其工作效果及管理绩效进行评价和持续改进的一系列活动。

5. 特种设备

特种设备是指由国家认定，涉及生命安全，危险性较大的锅炉、压力容器（含气瓶）、压力管道、电梯、起重机械、客运索道、大型游乐设施、场（厂）内机动车辆等。

二、安全与生产的关系

1. 安全生产的内涵

安全生产是指为了防止在生产过程中发生人身伤亡、财产损失等事故而采取的消除或控制危险和有害因素，保障人身安全和健康、设备设施免遭损坏、环境免遭破坏的一系列措施和活动，既包括对劳动者的保护，也包括对生产、财物和环境的保护，目的是保障生产活动正常进行。

从安全生产的内涵来看，安全生产属于由社会科学和自然科学两个科学范畴相互渗透、相互交织构成的保护人身和财产安全的政策性和技术性的综合学科。其中，社会科学部分研究立法、监察、组织、管理；自然科学部分研究防止事故发生，包括改善劳动条件、防止自然危害所必需的基础科学和应用科学。

2. 安全与生产的辩证关系

从安全生产的概念来看，安全生产无处不在；自人类社会存在以来，安全就伴随着生产而存在。安全生产是安全与生产的对立统一，是与文化、政治、经济和科技水平密切相关的，无限夸大安全生产与盲目忽视安全生产都是错误的。安全生产的宗旨是生产必须安全，安全促进生产。

安全与生产是相辅相成的，在生产的全过程中，要始终坚持"管生产必须管安全""生产必须安全，不安全不能生产"等原则。

安全是生产的先决条件，只有安全才能保证生产。生产中出现的险情隐患不加以排除，冒险蛮干，一旦发生事故，不但会造成人员伤亡，而且要花费很长时间进行停产处理，结果给国家、集体、个人带来了重大损失。因此，只有在安全的条件下进行生产，生产才能持久、高效地进行。一旦生产中出现不安全因素，必须及时处理，排除不安全因素后，才能更好地进行生产。

安全与生产的矛盾，实际上是指安全与产量的矛盾，它们之间的矛盾决定着生产过程的性质和状态。矛盾处理得当，则均衡生产，事故就会减少，而且产量高、经济效益好；反之，突击冒险生产，则事故必然多，即使产量暂时上去了，也会降下来，最终不但经济效益差，甚至可能导致人身伤亡的后果。

安全与生产是统一的、密不可分的。为了有效地进行生产，必须正确处理好安全与生产的关系，坚决做到不安全不生产。不具备必要的安全条件和安全措施，是绝对不能进行生产的。

3. 安全生产的意义

（1）安全生产关系到人民群众的生命和财产安全。生命安全是人民群众根本利益之所在，各级人民政府及其有关部门和企事业单位，都必须以对人民群众高度负责的精神，始终坚持"以人为本"的思想,把安全生产作为各项工作的首要任务来抓。

(2) 安全生产关系到社会稳定的大局。如果一个地区、部门或单位的负责人只重视生产,重视经济工作,轻视安全工作,把安全生产和经济发展对立起来,必然导致安全事故频频发生,势必影响本单位、本部门、本地区,甚至整个社会的稳定。

(3) 安全生产关系到经济的健康发展。安全生产是经济健康有序发展的前提和保障,没有安全作基础,生产经营活动就无法正常进行,也会不同程度地影响经济的发展。

三、安全生产工作方针

我国的安全生产工作方针是"安全第一、预防为主、综合治理"。

2002年,在国家颁布的《中华人民共和国安全生产法》中第一次以法律形式将"安全第一、预防为主"确定为我国的安全生产工作方针,俗称"安全生产八字方针"。2005年,中共中央《关于制定国民经济和社会发展第十一个五年规划的建议》中,又将我国安全生产工作方针补充为"安全第一、预防为主、综合治理",俗称"安全生产十二字方针"。安全生产工作方针有以下含义:

(1) 坚持安全第一,必须以预防为主,实施综合治理;只有有效防范事故,综合治理隐患,才能把"安全第一"落到实处。

(2) "安全第一"是从保护和发展生产力的角度,表明在生产范围内安全与生产的关系;当安全与生产产生矛盾时,生产应该服从安全。

(3) "预防为主"是指在生产活动中,对生产要素采取管理、技术等措施,有效控制不安全因素的发展与扩大,把可能发生的事故消灭在萌芽状态,以保证生产活动正常进行。

(4) 安全生产是个系统工程,涉及社会的各个方面,只有构建"政府统一领导、部门依法监管、企业全面负责、群众参与监督、全社会广泛支持"的安全生产工作格局，采取综合措施，才能达到安全生产的目的。

四、安全生产工作原则

根据安全生产工作方针，安全生产工作应当坚持以下原则：

(1)"一票否决"原则。生产必须安全，不得从事没有安全保障的生产。

(2)"两管五同时"原则。安全与生产是一个有机整体，"管生产必须管安全"；在计划、布置、检查、总结、评比生产工作的同时，对安全工作也要进行计划、布置、检查、总结、评比。

(3)"三同时"原则。生产经营单位新建、改建、扩建工程项目的安全设施，必须与主体工程同时设计、同时施工、同时投入生产和使用。

(4)"四不放过"原则。即生产安全事故的调查处理必须坚持"事故原因没有查清不放过，事故责任者没有严肃处理不放过，广大群众没有受到教育不放过，防范措施没有落实不放过"的原则。

五、安全生产要素

(1)安全文化。安全文化也即安全意识，是安全生产工作的永恒主题。安全生产工作要紧紧围绕"以人为本"这个中心，采取各种宣传教育手段，强化职工安全行为，提高从业人员安全素质，增强职工的自我保护意识和能力，做到不伤害自己、不伤害别人、不被别人所伤害。

(2)安全法制。用法律法规来规范企业和员工的安全行为，包括国家的立法、监督、执法，企业的建章立制、检查考核、经济奖罚、职位晋升等。

(3)安全责任。建立安全生产责任制，明确企业、部门、政府的安全生产责任，建立一套行之有效的考核、奖罚制度。

在企业层面，安全生产责任制是企业岗位责任制的一个组成部分，是企业中最基本的一项安全制度，也是企业安全生产、劳动保护制度的核心。对企业，应当建立以法定代表人为第一责任人的安全生产责任制；对工程项目，应当建立以项目负责人为第一责任人的安全生产责任制。层层分解安全生产目标，明确部门、班组、岗位的安全生产职责，完善考核机制，奖罚分明，促进安全生产工作的落实。

（4）安全投入。安全投入是安全生产的基本保障，它包括人力、财力和物力的投入。安全生产最大的问题之一是安全生产投入不足。

（5）安全科技。运用先进的科技手段提高安全生产监控和防护水平，如施工现场安装的远程视频监控系统、消防烟雾探测自动喷淋系统、计算机网络管理系统等。

第二节　建筑安全生产的特点

工程建设的目的是为人们的社会、经济、政治和文化活动提供理想的场所，是人们最基本的社会活动之一。建筑施工是工程建设实施阶段的各类生产活动的总和，在现代社会，也可以说是将设计图样描绘的建筑物、构筑物等，在指定的地点、空间变成实物的过程。它包括基础工程施工、主体结构施工、屋面工程施工、设备安装、装饰工程施工等。施工作业的场所称为施工现场，也称为工地。从事建筑施工活动的行业统称为建筑业。

一、建筑产品的特点

建筑施工生产活动的最终物质成果是建筑产品。建筑产品不同于其他产品，与其他产品的生产过程存在诸多不同。

（1）固定性。建筑产品固定在一个地方建造，位置不能移动,绝大多数施工活动都在这个地点完成。

(2) 庞大性。建筑产品与其他产品相比,体积巨大。

(3) 多样性。建筑产品的使用功能、外观形状各异,即使同一类工程也是千差万别的。

(4) 总体性。建筑工程由多个功能部分共同组成,每个功能部分由许多建筑材料、半成品、成品加工、装配组合而成。

同时,建筑施工活动还具有生产流动性大、露天交叉作业多、手工操作多、劳动强度大等特点。

二、建筑施工的安全生产特点

(1) 建筑产品的多样性决定了建筑安全问题的不断变化。建筑产品是固定的、附着在土地上的,而世界上没有完全相同的两块土地;建筑结构是多样的,有混凝土结构、钢结构、木结构等;规模是多样的,从几百平方米到数万平方米不等;建筑功能和工艺方法也同样是多样的,应该说建筑产品没有完全相同的。建造不同的建筑产品,对人员、材料、机械设备、防护用品、施工技术等有不同的要求,而且建筑现场环境千差万别,这些差别决定了建设过程中总会不断面临新的安全问题。

(2) 建筑工程的流水施工,使得施工班组需要经常更换工作环境。与其他工业不同,建筑业的工作场所和工作内容是动态的、不断变化的。混凝土的浇筑、钢结构的焊接、土石方的搬运、建筑垃圾的清理等每一个工序都可以使工地现场在一夜之内变得完全不同。而随着施工进度的加快,工地现场则会从最初地下几十米的基坑变成高几百米的摩天大楼。因此,建设过程中的周边环境、作业条件、施工技术等都在不断发生变化,包含较高的风险,而相应的安全防护设施则往往落后于施工过程。

(3) 建筑施工现场存在的不安全因素复杂多变。建筑施工的高能耗,施工作业的高强度,施工现场的噪声、热量、有害气体和粉尘等,以及施工人员露天作业,受天气、温度影响大,这些都是施工人员经常面对的不利工作环境和负荷。劳动对象体积、规模大。建筑业的劳动对象庞大,施工人员围绕劳动对象展开工作,劳动工具粗笨,工作环境不固定,危险因素防不胜防。同时,高温和严寒使得施工人员的体力和注意力下降,雨雪天气还会导致工作面湿滑,夜间照明不够,都会诱发事故。

(4) 公司与项目部的分离,致使公司的安全措施并不能在项目部得到充分落实。一些施工单位往往同时有多个项目竞标,而且通常是上级公司与项目部分离。这种分离使得现场安全管理的责任更多地由项目部来承担。但是,由于项目的临时性和建筑市场竞争的日趋激烈,经济压力相应增大,公司的安全措施被忽视,并不能在项目上得到充分落实。

(5) 多个建设主体的存在及其关系的复杂性决定了建筑安全管理的难度较高。工程建设的责任单位有建设、勘察、设计、监理及施工等诸多单位。施工现场安全由施工单位负责,实行施工总承包;分包单位向总承包单位负责,服从总承包单位对施工现场的安全生产管理。建筑安全虽然由施工单位负主要责任,但其他责任单位也是影响建筑安全的重要因素。而世界各地的建筑业主要推行分包程序,包括专业分包和劳务分包,这已经成为建筑企业经济体系的一个特色,而且正在向各个行业延伸。再加上目前施工企业队伍、人员是全国流动的,使得施工现场人员经常发生变化,而且施工人员属于不同的分包单位,有着不同的管理措施和安全文化。

(6) 目标(结果)导向对建设单位形成一定压力。建筑施工中的管理主要是一种目标导向的管理,只要结果(产量)不求过程(安全),而安全管理恰恰是体现在过程上。项目明确的目标(质与量)和资源限制(时间、成本)使得建设单位承受较大的压力。

(7) 施工作业的非标准化使得施工现场危险因素增多。建筑业生产过程技术含量低,劳动、资本密集。建筑业生产过程的低技术含量决定了从业人员的素质相对普遍较低。而建筑业又需要大量的人力资源，属于劳动密集型行业，施工人员与施工单位之间的短期雇佣关系，造成施工单位对施工作业培训严重不足，使得施工人员违章操作现象时有发生，这其中就包括不安全行为。而当前的安全管理和控制手段比较单一，很多依赖经验、监督、安全检查等方式。

第三节　建筑施工特种作业

一、建筑施工特种作业的概念

1. 特种作业

特种作业是指生产过程中容易发生人员伤亡事故，对操作者本人、他人及周围设备设施的安全有重大危害的作业。

根据国家有关规定，特种作业主要包括电工作业、金属焊接切割作业、起重机械作业、企业内机动车辆驾驶、登高架设作业、锅炉作业、压力容器操作、制冷作业、爆破作业、矿山通风作业、矿山排水作业以及由省、自治区、直辖市有关部门提出，并经国务院有关部门批准的其他作业。

2. 建筑施工特种作业

建筑施工特种作业，是指在建筑施工活动中，对操作者本人、他人及周围设备设施的安全可能造成重大危害的作业。

建设主管部门管理的建筑施工特种作业主要包括：

（1）建筑电工作业。

（2）建筑架子工作业。

（3）建筑起重司索信号工作业。

（4）建筑起重机械司机作业。

（5）建筑起重机械安装拆卸工作业。

(6) 高处作业吊篮安装拆卸工作业。
(7) 经省级以上建设主管部门认定的其他特种作业。

建筑施工现场虽然有场地内机动车辆驾驶和爆破等特种作业，但目前暂未纳入建设主管部门管理范围。

3. 建筑施工特种作业人员

在生产过程中直接从事特种作业的人员统称为特种作业人员。建筑施工特种作业人员，是指在建筑施工现场从事建筑施工特种作业的人员。目前，建设主管部门主要对在房屋建筑和市政工程施工现场从事建筑施工特种作业的人员进行管理。

二、建筑施工特种作业人员条件

从事建筑施工特种作业的人员应当具备下列基本条件：
(1) 年满18周岁且符合相关工种规定的年龄要求。
(2) 工作认真负责，身体健康，无妨碍从事本特种作业工种的疾病和生理缺陷。
(3) 初中及以上学历，具有本特种作业工种所需要的文化程度和安全、技术知识及实践经验。
(4) 接受专门的安全操作知识培训，经建设主管部门考核合格，取得《建筑施工特种作业操作资格证书》。

首次取得《建筑施工特种作业操作资格证书》的人员，实习操作不得少于3个月，否则不能独立上岗作业。

三、建筑施工特种作业范围

为了规范各工种的岗位责任，住房和城乡建设部将规定的6项建筑施工特种作业划分为建筑电工、建筑架子工（普通脚手架）、建筑架子工（附着升降脚手架）、建筑起重司索信号工、建筑起重机械司机（塔式起重机）、建筑起重机械司机（施工升降机）、建筑起重机械司机（物料提升机）、建筑起重机械安装拆卸工（塔式起重机）、建筑起重机械安装拆卸工（施工升降机）、建筑起重机械安装拆卸工（物料提升机）和高处作业吊篮安装拆卸工等 11 个岗位工种。各岗位工种的具体操作范围规定如下：

（1）建筑电工。在建筑工程施工现场从事临时用电作业，具体来讲是在建筑施工现场从事临时供电线路、配电装置的敷设、安装、测试、维修、检查、拆除等作业的人员，一般不得从事建筑工程电气安装作业。

（2）建筑架子工（普通脚手架）。在建筑工程施工现场从事落地式脚手架、悬挑式脚手架、模板支架、外电防护架、卸料平台、洞口临边防护等登高架设、维护、拆除作业，一般不得从事附着升降脚手架的安装、升降、维护和拆卸以及物料提升机（井架、龙门架）、高处作业吊篮的搭设、拆除等作业。

（3）建筑架子工（附着升降脚手架）。在建筑工程施工现场从事附着升降脚手架的安装、升降、维护和拆卸作业，一般不得从事普通脚手架的施工作业。

（4）建筑起重司索信号工。在建筑工程施工现场从事对起吊物体进行绑扎、挂钩等司索作业和起重指挥作业。

（5）建筑起重机械司机（塔式起重机）。在建筑工程施工现场从事固定式、轨道式和内爬升式塔式起重机的驾驶操作，一般不得从事汽车式、轮胎式和履带式起重机的驾驶操作。

（6）建筑起重机械司机（施工升降机）。在建筑工程施工现场从事施工升降机的驾驶操作，不包括塔式起重机的驾驶操作。

（7）建筑起重机械司机（物料提升机）。在建筑工程施工现场从事物料提升机的驾驶操作，不包括塔式起重机、施工升降机的驾驶操作。

（8）建筑起重机械安装拆卸工（塔式起重机）。在建筑工程施工现场从事固定式、轨道式和内爬升式塔式起重机的安装、附着、顶升和拆卸作业。

（9）建筑起重机械安装拆卸工（施工升降机）。在建筑工程施工现场从事施工升降机的安装和拆卸作业，一般不得从事塔式起重机的安装和拆卸作业。

（10）建筑起重机械安装拆卸工（物料提升机）。在建筑工程施工现场从事物料提升机的安装和拆卸作业，一般不得从事塔式起重机和施工升降机的安装和拆卸作业。

（11）高处作业吊篮安装拆卸工。在建筑工程施工现场从事高处作业吊篮的安装和拆卸作业，一般不得从事塔式起重机、施工升降机和物料提升机的安装和拆卸作业。

第二章

建设工程安全生产法律法规和规章制度

2002年6月29日，第九届全国人民代表大会常务委员会第28次会议审议通过了《中华人民共和国安全生产法》（以下简称《安全生产法》），同日，江泽民主席签署第70号主席令予以公布，自2002年11月1日起施行。2003年11月12日，国务院第28次常务会议讨论并原则通过了《建设工程安全生产管理条例（草案）》，2003年11月24日，温家宝总理签署第393号国务院令予以公布。这些法律法规的颁布实施，标志着安全生产成为我国现阶段建筑业工作的重点，安全生产制度被确立为促进我国建筑业发展的一项根本制度。

安全生产工作体系要素包括法律法规、政策措施、监管监察、工伤保险、目标责任、应急救援、科学技术、信息通讯、宣传文化、基础管理、教育培训、保障措施等。建立健全安全生产法律法规制度，是构建安全生产长效机制的前提条件之一。目前，我国的安全生产法律法规已形成以宪法为依据，以《安全生产法》为主体，由相关法律、行政法规、地方性法规、行政规章、技术标准所组成的综合体系。

第一节　安全生产法律法规

安全生产法律法规是指调整在生产过程中产生的，与劳动者安全、健康以及生产资料和社会财富安全保障有关的各种社会关系的法律规范的总和。安全生产法律法规是国家法律体系中的重要组成部分，全国人大、国务院及有关部委和地方人大、政府颁布的有关安全生产、职业安全卫生、劳动保护等方面的法律、法规、规章等，都属于安全生产法律法规的范畴。

我国建筑安全生产法律法规体系分为以下几个层次：

一、法律

宪法是整个法律体系的基础和核心，确定了国家制度、社会制度和公民的基本权利和义务，具有最高的法律效力，是其他法律的立法依据和基础。狭义地讲，法律是指全国人民代表大会及其常务委员会按照法定程序制定的规范性文件，其法律地位和效力仅次于宪法，是行政法规、地方法规、行政规章的立法依据和基础。全国人民代表大会及其常务委员会作出的具有规范性的决议、决定、规定、办法等，也属于国家法律范畴。建筑法律是建筑法规体系的最高层次，具有最高的法律效力。目前，我国颁布的建筑法律主要有《中华人民共和国建筑法》（以下简称《建筑法》），涉及建筑安全生产的还有《安全生产法》等。

二、行政法规

行政法规是指由最高国家行政机关，即国务院在法定职权范围内，根据并且为实施宪法和法律而制定的有关国家行政管理活动方面的规范性文件的总称。从法律效力上讲，行政法规的效力仅次于法律。

建筑法规是国务院根据有关法律授权条款和管理全国建筑行政工作的需要制定的,是对法律条款中涉及建筑活动的进一步细化。目前,我国颁布的建筑安全生产法规主要有《建设工程安全生产管理条例》,涉及建筑安全生产的还有《特种设备安全监察条例》《安全生产许可证条例》等。

三、地方性法规

根据本行政区域建筑行政管理需要制定的行政法规,就是地方性法规。地方性法规包括以下两个层次:

(1) 省、自治区、直辖市的人民代表大会及其常务委员会根据本行政区域的具体情况和实际需要,在不与宪法、法律、行政法规相抵触的前提下制定的,仅适用于本行政区域内的规范性文件,并报全国人民代表大会常务委员会备案。

(2) 较大的市(指省、自治区的人民政府所在地的市、经济特区所在地的市和经国务院批准的较大的市)的人民代表大会及其常务委员会根据本市的实际情况和实际需要,在不与宪法、法律、行政法规和本省、自治区的地方性法规相抵触的前提下制定的,仅适用于本行政区域内的规范性文件,报省、自治区的人民代表大会常务委员会批准后施行。省、自治区的人民代表大会常务委员会对报请批准的地方性法规,应当对其合法性进行审查,同宪法、法律、行政法规和本省、自治区的地方性法规不抵触的,应当在4个月内予以批准。如《上海市建筑市场管理条例》等属于地方性法规。

四、规章

规章按制定主体的不同可分为行政规章和地方性规章。

(1) 行政规章。行政规章是指国务院所属部门根据法律和行政法规,在本部门的权限范围内制定、发布的规范性文件,也称为部门规章。其法律地位和效力低于宪法、法律、行政法规。部门规章在全国行业、部门内具有约束力。

建设部门规章一般由住房和城乡建设部制定，并以建设部令的形式发布，如《建筑施工企业安全生产许可证管理规定》（建设部令第128号）、《建筑起重机械安全监督管理规定》（建设部令第166号）等。

（2）地方性规章。地方性规章是指省、自治区、直辖市的人民政府，省、自治区人民政府所在地的市的人民政府和经国务院批准的较大的市的人民政府，根据法律、行政法规和本行政区域的地方性法规制定的规范性文件。其法律地位和效力次于宪法、法律、行政法规和地方性法规。地方性建筑规章一般以省（市）政府令的形式发布，如《北京市建设工程施工现场管理办法》（北京市人民政府令第72号）等。

五、技术标准

技术标准是指规定强制执行的产品特性或其相关工艺和生产方法的文件，以及规定适用于产品、工艺或生产方法的专门术语、符号、包装、标志或标签要求的文件。技术标准由标准主管部门以标准、规范、规程等形式颁布，也属于法规范畴。技术标准分为国家标准（GB）、行业标准、地方标准（DB）、企业标准（QB）四个等级。国家标准、行业标准分为强制性标准和推荐性标准。保障人体健康，人身、财产安全的标准和法律、行政法规规定强制执行的标准是强制性标准，其他标准是推荐性标准。

（1）国家标准。国家标准是在全国范围内统一的技术要求，由国务院标准化行政主管部门制定、发布。强制性标准代号为"GB"，推荐性标准代号为"GB/T"。国家标准的编号由国家标准代号、国家标准发布顺序号及国家标准发布年号组成，如《塔式起重机安全规程》（GB 5144—2006）等。

（2）行业标准。行业标准是在全国某个行业范围内统一的技术要求，由国务院有关行政主管部门制定、发布，并报国务院标准化行政主管部门备案。行业标准是对国家标准的补充,行业标准在相应的国家标准实施后,应该自行废止。建筑行业标准主要有城市建设行业标准(CJ)、建材行业标准(JC)、建筑工业行业标准(JG)。现行工程建设行业标准代号在部分行业标准代号后加上字母 J,行业标准的编号由标准代号、标准顺序号及年号组成,如《施工现场临时用电安全技术规范》(JGJ 46—2005)、《建筑施工门式钢管脚手架安全技术规范》(JGJ 128—2010)等。

(3) 地方标准。地方标准又称区域标准,对没有国家标准和行业标准而又需要在辖区内统一的产品的安全、卫生要求,可以制定地方标准。地方标准由省、自治区、直辖市标准化行政主管部门制定,并报国务院标准化行政主管部门和国务院有关行政主管部门备案,如湖北省地方标准《建筑施工现场安全生产管理规程》等。

(4) 企业标准。企业标准是对企业范围内需要协调、统一的技术要求、管理要求和工作要求所制定的标准。企业标准由企业制定,由企业法人代表或法人代表授权的主管领导批准、发布。

第二节 建筑安全生产主要法律法规和规章制度

近年来,《建筑法》《安全生产法》《建设工程安全生产管理条例》等法律、法规及部门规章、施工安全技术标准的相继出台,为保障我国建筑业的安全生产提供了有力的法律武器,在建筑业的安全生产工作方面做到了有法可依。但有法可依仅仅是实现安全生产的前提条件,在实际工作中得以落实还必须要求生产经营单位及其从业人员严格遵守各项安全生产规章制度,做到有法必依,同时要求各级安全生产监督管理部门执法必严、违法必究。经营单位的从业人员是各项生产经营活动最直接的劳动者,是各项安全生产法律权利和义务的承担者。生产经营单位是安全生产的主体，它的安全设施、设备、作业场所和环境、安全技术装备等是保证安全生产的"硬件"。从业人员能否安全、熟练地操作各种生产经营工具或者作业，能否严格遵守安全规程和安全生产规章制度，往往决定了一个生产经营单位的安全水平。从业人员既是各类生产经营活动的直接承担者，又是生产安全事故的受害者或责任者。只有高度重视和充分发挥从业人员在生产经营活动中的主观能动性，最大限度地提高从业人员的安全素质，才能把不安全因素和事故隐患降到最低限度，从而做到预防事故，减少人员伤亡。对建筑业来说，建筑施工企业主要负责人、项目负责人和专职安全生产管理人员在管理过程中能否按法律规定办事起着至关重要的作用。

一、建筑安全生产主要法律

《安全生产法》和《建筑法》是构建建筑安全生产法律法规的两大基础。此外，还有《中华人民共和国劳动法》（以下简称《劳动法》）、《中华人民共和国刑法》（以下简称《刑法》）、《中华人民共和国消防法》（以下简称《消防法》）等也对建筑安全生产行为进行了规范，具体的与安全相关的规范条文见附录一。

这里所说的法律是指狭义的法律，即全国人大及其常务委员会制定的规范性文件，在全国范围内施行，其地位和效力仅次于宪法。

我国法律根据其制定机关不同可分为两类：一类是基本法律，由全国人大制定和修改，如《刑法》等；另一类是基本法律以外的其他法律，由全国人大常务委员会制定和修改，如《中华人民共和国商标法》《中华人民共和国文物保护法》等。另外，全国人大及其常务委员会作出的具有规范性的决议、决定、规定、办法等也都属于此处所指的狭义的法律。

《建筑法》是我国第一部规范建筑活动的部门法律，它的颁布施行强化了建筑工程质量和安全的法律保障。《建筑法》共计85条，通篇贯穿了质量安全问题，具有很强的针对性。对影响建筑工程质量和安全的各方面因素作了较为全面的规范。

《安全生产法》是安全生产领域的综合性基本法，它是我国第一部全面规范安全生产的专门法律，是我国安全生产法律体系的主体法，是各类生产经营单位及其从业人员实现安全生产所必须遵循的行为准则，是各级人民政府及其有关部门进行监督管理和行政执法的法律依据，是制裁各种安全生产违法犯罪的有力武器。

1.《建筑法》的主要内容

《建筑法》于1997年11月1日第八届全国人民代表大会常务委员会第28次会议通过，同日，中华人民共和国主席令第91号予以公布，自1998年3月1日起施行。

《建筑法》主要规定了建筑许可、建筑工程发包承包、建筑工程监理、建筑安全生产管理、建筑工程质量管理及相应法律责任等方面的内容。

《建筑法》确立了安全生产责任制度。安全生产责任制度是建筑生产中最基本的安全管理制度，是所有安全规章制度的核心。安全生产责任制度是指将各种不同的安全责任落实到负有安全管理责任的人员和具体岗位人员身上的一种制度。这一制度是"安全第一、预防为主"方针的具体体现，是建筑安全生产管理的基本制度。

在建筑活动中，只有明确安全责任，才能形成完整有效的安全管理体系，激发每个人的安全责任感，严格执行建筑工程安全法律、法规和安全规程、技术规范，防患于未然，减少和杜绝建筑工程事故，为建筑工程的生产创造良好的环境。

《建筑法》确立了群防群治制度。群防群治制度是职工群众进行预防和治理安全的一种制度。这一制度是"安全第一、预防为主"的具体体现，同时也是群众路线在安全工作中的具体体现，是企业进行民主管理的重要内容，要求建筑企业职工在施工中遵守有关生产的法律、法规的规定和建筑行业安全规章、规程，不得违章作业，同时对危及生命安全和身体健康的行为有权提出批评、检举和控告。

《建筑法》确立了安全生产教育培训制度。安全生产教育培训制度是对广大建筑干部职工进行安全教育培训、提高安全意识、增加安全知识和技能的制度。安全生产，人人有责，只有通过对广大职工进行安全教育和培训，才能使广大职工真正认识到安全生产的重要性和必要性，使广大职工掌握更多、更有效的安全生产的科学技术知识，牢固树立"安全第一"的思想，自觉遵守各项安全生产规章制度。

《建筑法》确立了安全生产检查制度。安全生产检查制度是上级管理部门或建筑施工企业对安全生产状况进行定期或不定期检查的制度。通过检查可以发现问题，查出隐患，从而采取有效措施，堵塞漏洞，把事故消除在发生之前，做到防患于未然，是"预防为主"的具体体现。通过检查，还可总结经验并加以推广，为进一步做好安全工作打下基础。

《建筑法》确立了伤亡事故处理报告制度。施工中发生事故时，建筑企业应当采取紧急措施减少人员伤亡和事故损失，并按照国家有关规定及时向有关部门报告。事故处理必须遵循一定的程序，做到"四不放过"（事故原因未查清不放过，职工和事故责任人未受到教育不放过，事故隐患未整改不放过，事故责任人未处理不放过）。通过对事故的严格处理，可以总结经验教训，为制定规程、规章提供第一手素材，指导今后的施工。另外，《建筑法》还确立了安全责任追究制度，规定建设单位、设计单位、施工单位、监理单位，由于没有履行职责造成人员伤亡和事故损失的，视情节给予相应处理；情节严重的，责令停业整顿，降低资质等级或吊销资质证书；构成犯罪的，依法追究刑事责任。

2. 《安全生产法》的主要内容

《安全生产法》于 2002 年 6 月 29 日第九届全国人民代表大会常务委员会第 28 次会议通过，同日，中华人民共和国主席令第 70 号予以公布，自 2002 年 11 月 1 日起施行。

《安全生产法》中提供了四个监督途径，即工会民主监督、社会舆论监督、公众举报监督和社区服务监督。通过这些监督途径，使许多安全隐患及时得以发现，也将使许多安全管理工作的不足得以改善。《安全生产法》规定，生产经营单位必须做好安全生产的保证工作，既要在安全生产条件上、技术上符合生产经营的要求，也要在组织管理上建立健全安全生产责任并进行有效落实。《安全生产法》不仅明确了从业人员为保证安全生产所应履行的义务，而且明确了从业人员进行安全生产所应享有的权利。在正面强调从业人员应该为安全生产尽职尽责的同时，赋予从业人员权利，也从另一方面有效保障了安全生产管理工作的开展。《安全生产法》明确规定了生产经营单位负责人的安全生产责任，因为一切安全管理归根到底是对人的管理，只有生产经营单位的负责人真正认识到安全管理的重要性并认真落实安全管理的各项工作，安全管理工作才有可能真正有效地进行。违法必究是我国法律的基本原则，在《安全生产法》中明确了对违法单位和个人的法律责任追究制度。生产安全事故，特别是重、特大生产安全事故往往具有突发性、紧迫性，如果事先没有做好充分的准备工作，很难在短时间内组织有效的抢救，防止事故的扩大，减少人员伤亡和财产损失。因此，《安全生产法》明确了要建立事故应急救援制度，制订应急救援预案，形成应急救援预案体系。

3. 其他有关建设工程安全生产的法律的主要内容

(1)《劳动法》。《劳动法》于 1994 年 7 月 5 日第八届全国人民代表大会常务委员会第 8 次会议通过，同日，中华人民共和国主席令第 28 号予以公布，自 1995 年 1 月 1 日起施行。

《劳动法》与建设工程安全生产密切相关的规定主要包括：劳动安全卫生设施必须符合国家规定的标准。新建、改建、扩建工程的劳动安全卫生设施必须与主体工程同时设计、同时施工、同时投入生产和使用；用人单位必须为劳动者提供符合国家规定的劳动安全卫生条件和必要的劳动防护用品，对从事有职业危害作业的劳动者应当定期进行健康检查。从事特种作业的劳动者必须经过专门培训并取得特种作业资格；劳动者在劳动过程中必须严格遵守安全操作规程。劳动者对用人单位管理人员违章指挥、强令冒险作业，有权拒绝执行；对危害生命安全和身体健康的行为，有权提出批评、检举和控告。国家建立伤亡事故和职业病统计报告和处理制度。县级以上各级人民政府劳动行政部门、有关部门和用人单位应当依法对劳动者在劳动过程中发生的伤亡事故和劳动者的职业病状况进行统计、报告和处理。

(2)《刑法》。《刑法》于1979年7月1日第五届全国人民代表大会第2次会议通过，1997年3月14日第八届全国人民代表大会第5次会议修订。第十一届全国人民代表大会常务委员会第7次会议于2009年2月28日通过《刑法修正案（七）》。《刑法》中有关建设工程安全生产的规定主要包括：

1) 工厂、矿山、林场、建筑企业或者其他企业、事业单位的职工，由于不服从管理、违反规章制度，或者强令工人违章冒险作业，因此发生重大伤亡事故或者造成其他严重后果的，处3年以下有期徒刑或者拘役；情节特别恶劣的，处3年以上7年以下有期徒刑。

2) 工厂、矿山、林场、建筑企业或者其他企业、事业单位的劳动安全设施不符合国家规定，经有关部门或者单位职工提出后，对事故隐患仍不采取措施，因此发生重大伤亡事故或者造成其他严重后果的，对直接责任人员，处3年以下有期徒刑或者拘役；情节特别恶劣的，处3年以上7年以下有期徒刑。

3) 违反爆炸性、易燃性、放射性、毒害性、腐蚀性物品的管理规定，在生产、储存、运输、使用中发生重大事故，造成严重后果的，处3年以下有期徒刑或者拘役；后果特别严重的，处3年以上7年以下有期徒刑。

4) 建设单位、设计单位、施工单位、工程监理单位违反国家规定，降低工程质量标准，造成重大安全事故的，对直接责任人员，处5年以下有期徒刑或者拘役，并处罚金；后果特别严重的，处5年以上10年以下有期徒刑，并处罚金。

(3)《消防法》。《消防法》于1998年4月29日第九届全国人民代表大会常务委员会第2次会议通过，自1998年9月1日起施行。该法于2008年10月28日第十一届全国人民代表大会常务委员会第5次会议修订通过，自2009年5月1日起施行。

《消防法》与建设工程安全生产密切相关的规定主要包括：按照国家工程建设消防技术标准需要进行消防设计的建筑工程，设计单位应当按照国家工程建设消防技术标准进行设计，建设单位应当将建筑工程的消防设计图样及有关资料报送公安消防机构审核；未经审核或者经审核不合格的，建设行政主管部门不得发给施工许可证，建设单位不得施工。经公安消防机构审核的建筑工程消防设计需要变更的，应当报经原审核的公安消防机构核准；未经核准的，任何单位、个人不得变更。按照国家工程建设消防技术标准进行消防设计的建筑工程竣工时，必须经公安消防机构进行消防验收；未经验收或者经验收不合格的，不得投入使用。建筑构件和建筑材料的防火性能必须符合国家标准或者行业标准。公共场所室内装修、装饰根据国家工程建设消防技术标准的规定，应当使用不燃、难燃材料的，必须选用依照产品质量法的规定确定的检验机构检验合格的材料。

(4)《环境保护法》及相关法律。为了保护和改善环境，防止污染，国家制定了一系列环境保护的法律、法规，如《中华人民共和国环境保护法》(以下简称《环境保护法》)、《中华人民共和国固体废物污染环境防治法》(以下简称《固体废物污染环境防治法》)、《中华人民共和国环境噪声污染防治法》(以下简称《环境噪声污染防治法》)等。

上述法律的有关条文对施工单位保护环境的义务和法律责任作出了具体规定,如《环境保护法》规定,产生环境污染和其他公害的单位,必须把环境保护工作纳入计划,建立环境保护责任制度;采取有效措施,防治在生产建设或者其他活动中产生的废气、废水、废渣、粉尘、放射性物质以及噪声、振动、电磁波辐射等对环境的污染和危害。

《固体废物污染环境防治法》规定,施工单位应当及时清运、处置建筑施工过程中产生的垃圾,并采取措施,防止污染环境。对施工单位违反上述法律条文的,环境保护行政主管部门和有关部门可以对施工单位给予责令改正、停产整顿、处以罚款等处罚。

《环境噪声污染防治法》规定,在城市市区范围内向周围生活环境排放建筑施工噪声的,应当符合国家规定的建筑施工场界环境噪声排放标准;在城市市区范围内,建筑施工过程中使用机械设备,可能产生环境噪声污染的,施工单位必须向环境保护行政主管部门申报;因特殊需要必须连续作业的,必须有县级以上人民政府或者其他有关主管部门的证明,且须公告附近居民。

(5)《中华人民共和国行政处罚法》。《中华人民共和国行政处罚法》(以下简称《行政处罚法》)于1996年3月17日第八届全国人民代表大会第4次会议通过,自1996年10月1日起施行。《行政处罚法(修正版)》由第十一届全国人民代表大会常务委员会第10次会议通过。

行政处罚是一种非常重要的行政管理手段。《行政处罚法》规定,行政处罚只能由法律、法规或者规章设定,其他规范性文件不得设定行政处罚;规章只能设定警告或者一定数额的罚款;对违法行为给予行政处罚的规定必须公布,未经公布的,不得作为行政处罚的依据。行政处罚原则上只能由行政机关实施,事业单位未经法律、法规的授权或者行政机关的委托,不得行使行政处罚权;没有法律、法规或者规章的明确规定,行政机关不得委托事业组织实施行政处罚。处罚主体是行政机关或者其他行政主体;处罚对象是行政管理相对人;处罚客体是违反行政法律规范的行为;处罚目的是惩戒违法,体现在两个方面:一是对违法的行政相对人权益的限制、剥夺;二是对其施加新的义务。

《行政处罚法》设定了七种行政处罚:

1) 警告。
2) 罚款。
3) 没收违法所得、没收非法财物。
4) 责令停产停业。
5) 暂扣或吊销许可证、暂扣或吊销执照。
6) 行政拘留。
7) 法律、行政法规规定的其他行政处罚。

(6)《中华人民共和国行政复议法》。《中华人民共和国行政复议法》(以下简称《行政复议法》)于1999年4月29日第九届全国人民代表大会常务委员会第9次会议通过,自1999年10月1日起施行。

行政复议是指行政管理相对人认为行政主体的具体行政行为侵犯其合法权益,依法向法定机关提出申请,由受理机关根据法定程序对具体行政行为的合法性和适当性进行审查并作出相应决定的活动。《行政复议法》是行政机关解决行政纠纷的法律,主要规定了行政复议的条件,包括行政复议的范围、管辖及参与人,行政复议的程序与规则。

(7)《中华人民共和国行政诉讼法》。《中华人民共和国行政诉讼法》(以下简称《行政诉讼法》)于1989年4月4日第七届全国人民代表大会第2次会议通过,自1990年10月1日起施行。

行政诉讼法是调整人民法院、诉讼当事人和其他诉讼参与人在行政诉讼活动中权利义务关系的法律规范的总称。行政诉讼法是保证行政法贯彻落实和发展完善最重要的程序法，是审理行政案件的程序法，是人民法院审判行政案件和诉讼参与人进行行政诉讼活动必须遵守的准则。《行政诉讼法》的主要内容有：行政诉讼法的重要原则，人民法院对行政案件的受案范围、管辖、受理、审理和判决，行政诉讼参与人，行政诉讼的证据、执行，行政侵权赔偿责任，涉外行政诉讼等。

二、建设工程行政法规

在行政法规层面上，《建设工程安全生产管理条例》和《安全生产许可证条例》是建筑安全生产法规体系中最主要的行政法规。

1.《建设工程安全生产管理条例》

《建设工程安全生产管理条例》较为详细地规定了建设单位、勘察单位、设计单位、施工单位、工程监理单位和其他与建设工程有关的单位的安全生产责任，以及安全生产监督管理、生产安全事故应急救援与调查处理等。

(1) 明确了"安全第一、预防为主"是建设工程的安全生产管理方针。

(2) 规定了建设单位，勘察单位，设计单位，施工单位，工程监理单位以及设备材料供应单位，机械设备租赁单位，起重机械和整体提升脚手架、模板等自升式架设设施的安装、拆卸单位等与建设工程安全生产有关的单位应承担的相应安全生产责任。

(3) 确立了建设工程安全生产的13项基本管理制度。其中，涉及政府部门的安全生产监管制度有7项，即依法批准开工报告的建设工程和拆除工程备案制度，三类人员考核任职制度，特种作业人员持证上岗制度，施工起重机械使用登记制度，政府安全监督检查制度，危及施工安全工艺、设备、材料淘汰制度和生产安全事故报告制度。涉及施工企业的安全生产制度有6项，即安全生产责任制度、安全生产教育培训制度、专项施工方案专家论证审查制度、施工现场消防安全责任制度、意外伤害保险制度和生产安全事故应急救援制度。

2.《安全生产许可证条例》

《安全生产许可证条例》确立了企业安全生产的准入制度,对矿山企业、建筑施工企业及危险化学品、烟花爆竹、民用爆破器材生产企业实行安全生产许可制度。

涉及建筑安全生产的其他法规还有《特种设备安全监察条例》《生产安全事故报告和调查处理条例》《国务院关于进一步加强安全生产工作的决定》和《国务院关于特大安全事故行政责任追究的规定》。其中,《特种设备安全监察条例》对特种设备的生产、使用、检验检测和监督检查,以及事故预防和调查处理、法律责任等方面作了相应规定;《生产安全事故报告和调查处理条例》对生产安全事故的等级、报告、调查和处理等方面作了相应规定。

三、建筑安全生产主要部门规章和规范性文件

1.《建筑起重机械安全监督管理规定》

《建筑起重机械安全监督管理规定》对建筑起重机械的购置、租赁、安装、拆卸、使用及监督管理等环节作了规定,建立了设备的购置、报废、产权备案、安装拆卸告知和使用登记等制度,明确了起重机械设备安装、使用单位和工程总承包单位、工程监理单位的安全生产责任。

2.《建筑施工特种作业人员管理规定》

《建筑施工特种作业人员管理规定》规定了建筑施工特种作业人员的范围、条件、考核、证书发放、从业和监督管理等内容。

3.《关于建筑施工特种作业人员考核工作的实施意见》

《关于建筑施工特种作业人员考核工作的实施意见》对建筑

施工特种作业人员的考核目的、考核机关、操作范围、考核对象、考核条件、考核内容、考核标准、考核办法等作了具体的规定。

第三节　从业人员的权利和义务

一、从业人员的权利

根据《安全生产法》《建筑法》《劳动法》和《建设工程安全生产管理条例》等法律法规的规定，建筑施工作业人员在安全生产方面享有以下权利：

1. 劳动权利

劳动权利是指任何具有劳动能力且愿意工作的人都有获得有保障的工作的权利。狭义的劳动权利是指劳动者获得和选择工作岗位的权利。广义的劳动权利是指劳动者依据法律、法规和劳动合同所获得的一切权利。其内容包括：平等就业和选择职业的权利、获得劳动报酬的权利、获得休息休假的权利、获得劳动安全卫生保护的权利、接受职业培训的权利、享受社会保险和福利的权利、提请劳动争议处理的权利、结社权、集体协商权、民主管理权等。《宪法》第四十二条规定，中华人民共和国公民有劳动的权利和义务。《劳动法》规定，劳动者享有劳动的权利。

2. 知情权、建议权

职工的知情权与他们的安全和健康关系密切，是保护职工生命健康权的重要前提，也是保证职工参与权的前提条件。用人单位是保证知情权的责任方，如果用人单位没有履行告知的责任，职工有权拒绝工作。这不仅是从业人员的权利，而且是提高其防范意识、实现自我保护、有效预防事故发生和将事故损失降到最低限度的有效途径。

《安全生产法》第四十五条规定，生产经营单位的从业人员有权了解其作业场所和工作岗位存在的危险因素、防范措施及事故应急措施，有权对本单位的安全生产工作提出建议。

3. 批评、检举、控告权

施工作业人员直接从事施工作业，对本岗位、本工程项目的作业条件、作业程序和作业方式中存在的安全问题有最直接的感受，能够提出一些切中要害的、符合实际的合理化建议和批评意见，有利于施工单位和工程项目不断改进安全生产工作，减少工作中的失误。对安全生产工作中存在的问题，如施工单位和工程项目违反安全生产法律、法规、规章等行为，作业人员有权向建设行政主管部门、负有安全生产监督管理职责的部门，直至监察机关、地方人民政府等进行检举、控告，有利于有关部门及时了解、掌握施工单位安全生产工作中存在的问题，采取措施，制止和查处施工单位违反安全生产法律、法规的行为，防止生产安全事故的发生。

对作业人员的检举、控告，建设行政主管部门和其他有关部门应当查清事实，认真处理，不得压制和打击报复。

《安全生产法》第四十六规定，从业人员有权对本单位安全生产工作中存在的问题提出批评、检举、控告，有权拒绝违章指挥和强令冒险作业。

生产经营单位不得因从业人员对本单位安全生产工作提出批评、检举、控告或者拒绝违章指挥、强令冒险作业而降低其工资、福利等待遇或者解除与其订立的劳动合同。

4. 拒绝违章指挥和强令冒险作业的权利

违章指挥和强令冒险作业是指用人单位领导、各类人员或工程技术人员违反规章制度和操作规程，或者在明知存在危险因素且没有采取相应的安全保护措施，开始和继续作业会危及操作人员生命安全和健康的情况下，强迫命令操作人员进行作业。违章指挥、强令冒险作业，侵犯了作业人员的合法权益，是严重的违法行为,也是导致生产安全事故的重要因素。法律赋予作业人员有权拒绝违章指挥和强令冒险作业的权利,对维护正常的生产秩序、有效防止生产安全事故发生、保障作业人员的人身安全具有十分重要的意义。

5. **紧急避险权**

在施工中发生危及人身安全的紧急情况时,有权立即停止作业或者在采取必要的应急措施后撤离危险区域。建筑活动具有不可预测的风险,作业人员在施工过程中有可能会突然遇到直接危及人身安全的紧急情况,此时如果不停止作业或者不撤离作业场所,就会造成重大的人身伤亡事故。

《安全生产法》第四十七条规定,从业人员发现直接危及人身安全的紧急情况时,有权停止作业或者在采取可能的应急措施后撤离作业场所。生产经营单位不得因从业人员在前款紧急情况下停止作业或者采取紧急撤离措施而降低其工资、福利等待遇或者解除与其订立的劳动合同。

6. **安全生产教育和培训的权利**

《宪法》第四十六条规定,中华人民共和国公民有受教育的权利和义务。生产经营单位应当对从业人员进行安全生产教育和培训,保证从业人员具备必要的安全生产知识,熟悉有关的安全生产规章制度和安全操作规程,掌握本岗位的安全操作技能。未经安全生产教育和培训合格的从业人员,不得上岗作业。

对从业人员进行培训既是用人单位的义务,同时也是从业人员应该享有的权利。

7. **意外伤害保险的权利**

《安全生产法》第四十三条规定,生产经营单位必须依法参加工伤社会保险,为从业人员缴纳保险费。生产经营单位与从业人员订立的劳动合同,应当载明有关保障从业人员劳动安全、防止职业危害的事项,以及依法为从业人员办理工伤社会保险的事项。已在企业所在地参加工伤保险的人员,从事现场施工时仍可参加建筑意外伤害保险。

《建筑法》第四十八条规定，建筑施工企业必须为从事危险作业的职工办理意外伤害保险，支付保险费。

对施工单位的从业人员，无论是固定工，还是合同工；无论是正式工，还是农民工；无论是作业人员，还是管理人员，只要是在施工现场参与工程建设的，施工单位就必须为其办理意外伤害保险并支付意外伤害保险费。实行施工总承包的，由总承包单位支付意外伤害保险费。意外伤害保险期限自建设工程开工之日起至竣工验收合格止。

建筑职工意外伤害保险是法定的强制性保险，也是保护建筑业从业人员合法权益、转移企业事故风险、增强企业预防和控制事故能力、促进企业安全生产的重要手段。

8. 工伤保险的权利

工伤保险是为了保障从业人员在工作中遭受事故伤害和患职业病后获得医疗救治、经济补偿和职业康复的权利。根据《工伤保险条例》的规定，施工单位应当参加工伤保险，为本单位全部职工缴纳工伤保险费。

9. 工伤赔偿的权利

《安全生产法》第四十八条规定，因生产安全事故受到损害的从业人员，除依法享有工伤社会保险外，依照有关民事法律尚有获得赔偿的权利的，有权向本单位提出赔偿要求。赔偿责任是指行为人因其行为导致他人财产或人身受到损害时，行为人以自己的财产补偿受害人损失的责任，其主要作用是补偿受害人的经济损失。施工作业人员因事故受到损害的，如果施工单位对事故的发生负有责任，施工作业人员除依法享有工伤社会保险外，还有权向本单位提出赔偿要求。工伤认定是指有关部门根据国家有关法律法规的规定，确认职工所受伤害是因工还是非因工造成的事实。依据国际上"无过错（过失）赔偿"的原则，只要依法确认为工伤，不论责任在谁，都由用人单位负责赔偿和补偿，而且这项权利必须以劳动合同必要条款的书面形式加以确认。

二、从业人员的义务

施工单位的从业人员在享有安全生产保障权利的同时，也必须履行相应的安全生产方面的义务。主要包括以下几个方面：

(1) 遵守有关安全生产法律、法规和规章的义务。施工单位的作业人员在施工过程中，应当遵守有关安全生产的法律、法规和规章。这些安全生产的法律、法规和规章是总结安全生产的经验教训，根据科学规律和法定程序制定的，是实现安全生产的基本要求和保证，严格遵守是每一个作业人员的法律义务。

(2) 遵守安全施工的强制性标准、本单位的规章制度和操作规程的义务。施工现场的作业人员是建筑活动的具体承担者之一，其是否能严格遵守工程建设强制性标准、安全生产规章制度和安全操作规程，直接决定着施工过程能否安全。

(3) 正确使用安全防护用具、机械设备的义务。主要包括以下两项：

1) 作业人员应当正确使用安全防护用具。应当熟悉、掌握安全防护用具的构造、功能，掌握正确使用的有关知识，在作业过程中按照规则和要求正确佩戴和使用。

2) 作业人员应当正确使用机械设备。应当熟悉和了解所使用的机械设备的构造和性能，掌握安全操作知识和技能，遵照安全操作规程进行操作。

(4) 接受安全生产教育培训，掌握所从事工作应具备的安全生产知识的义务。建筑活动的复杂性和多样性决定了安全生产知识和安全生产技能的复杂性和多样性。要保障安全生产，作业人员必须具备安全生产知识、技能以及事故预防和应急处理能力。施工作业人员有权享有，也有义务接受社会、单位和工程项目组织的安全生产教育培训。

(5) 发现事故隐患或者其他不安全因素，立即报告的义务。

作业人员直接承担具体的作业活动，更容易发现事故隐患或者其他不安全因素。作业人员一旦发现事故隐患或者其他不安全因素，应当立即向现场安全管理人员或者本单位负责人报告，不得隐瞒不报或者拖延报告。

三、从业人员的法律责任

从业人员不服从管理，违反安全生产规章制度、操作规程和劳动纪律，冒险作业的，由单位给予批评教育，依照有关规章制度给予处分；造成重大伤亡事故或者其他严重后果的，依法追究法律责任。通常情况下，法律责任包括行政责任和刑事责任。

1. 行政责任

行政责任是指违反有关行政管理法律、法规的规定，但尚未构成犯罪的违法行为所应承担的法律责任。追究行政责任通常以行政处分和行政处罚两种方式来实施。

（1）行政处分。行政处分是指国家机关、企事业单位根据法律、法规和规章的有关规定，按照管理权限，由所在单位或者其上级主管机关对有违法和违纪行为的国家工作人员及国有企业、国有控股公司有关人员所给予的一种制裁处理。处分的形式包括警告、记过、降级、降职、撤职、开除等。

（2）行政处罚。行政处罚是指国家行政机关对违法行为所实施的强制性惩罚措施，通常有以下六种：

1）警告，是指行政机关对违反行政法律规范行为的谴责和警示。

2）罚款，是指行政机关强迫违法行为人缴纳一定数额的货币。

3）责令停产停业，是指行政机关责令违法行为人停止生产、经营活动，从而限制或者剥夺违法行为人生产、经营能力的一种处罚。

4）暂扣或者吊销许可证、暂扣或者吊销执照，是指行政机关限制或取消组织或个人已取得的行政许可。

5) 没收违法所得、没收非法财物，是指行政机关依法将行为人通过违法行为获取的财产收归国有。

6) 行政拘留，属人身罚，是指特定行政机关（公安机关）对违反行政法律规范的公民，在短期内限制其人身自由的一种处罚。

2. 刑事责任

刑事责任是指责任主体实施刑事法律禁止的行为所应承担的法律后果。通俗地讲，刑事责任是指责任人违反《刑法》的相关条款所应承担的并应当给予刑罚制裁的法律责任。根据《刑法》的规定，作业人员在安全生产中触犯《刑法》的，应承担以下刑事责任：

（1）在生产、作业中违反有关安全管理的规定，因而发生重大伤亡事故或者造成其他严重后果的，处3年以下有期徒刑或者拘役；情节特别恶劣的，处3年以上7年以下有期徒刑。

（2）强令他人违章冒险作业，因而发生重大伤亡事故或者造成其他严重后果的，处5年以下有期徒刑或者拘役；情节特别恶劣的，处5年以上有期徒刑。

（3）违反爆炸性、易燃性、放射性、毒害性、腐蚀性物品有关安全管理规定的，处3年以上7年以下有期徒刑。

（4）在生产安全事故发生后，负有报告职责的人员不报或者谎报事故情况，贻误事故抢救，情节严重的，处3年以下有期徒刑或者拘役；情节特别严重的，处3年以上7年以下有期徒刑。

第三章

特种作业人员管理制度

建筑施工特种作业人员是指房屋建筑和市政工程人员在施工活动中，从事可能对本人、他人及周围设施的安全造成重大危害的人员。

建筑施工特种作业人员管理制度是指为了加强对特种作业人员的管理，确保特种作业人员本人和他人的安全，保证生产顺利进行而制定的一系列管理制度。其包括相关法律、法规、规章和标准中有关特种作业人员的规定，以及根据建筑施工企业自身特点所制定的特种作业人员管理制度。

第一节　建筑施工特种作业人员管理制度

根据住房和城乡建设部2008年4月18日发布的《建筑施工特种作业人员管理规定》（建质[2008]75号），对建筑施工特种作业人员的考核、发证、从业和监督管理等提出了明确且严格的要求。

国务院建设主管部门负责全国建筑施工特种作业人员的监督管理工作。

省、自治区、直辖市人民政府建设主管部门负责本行政区域内建筑施工特种作业人员的监督管理工作。

一、特种作业人员培训制度

《安全生产法》规定,生产经营单位的特种作业人员必须按照国家有关规定经专门的安全作业培训,取得特种作业操作资格证书,方可上岗操作。

特种作业人员上岗前必须接受本工种专门的安全操作技能培训,培训的内容包括安全技术理论和实际操作。

从事特种作业人员培训的机构应按照规定的内容和学时组织培训,并为培训合格人员出具培训证明。

二、特种作业人员考核制度

1. 考核机构

根据《建筑施工特种作业人员管理规定》的规定,建筑施工特种作业人员的考核发证工作,由省、自治区、直辖市人民政府建设主管部门或其委托的考核发证机构负责组织实施。

考核发证机关应当在办公场所公布建筑施工特种作业人员申请条件、申请程序、工作时限、收费依据和标准等事项。

考核发证机关应当于考核前在机关网站或新闻媒体上公布考核科目、考核地点、考核时间和监督电话等事项。

2. 考核条件

申请从事建筑施工特种作业的人员,应当具备下列基本条件:

(1) 年满18周岁且符合相关工种规定的年龄要求。
(2) 经医院体检合格且无妨碍从事相应特种作业的疾病和生理缺陷。
(3) 有初中及以上学历。
(4) 符合相应特种作业需要的其他条件。

符合该规定的人员应当向本人户籍所在地或者从业所在地考核发证机关提出申请,并提交相关证明材料。

考核发证机关应当自收到申请人提交的申请材料之日起5个工作日内依法作出受理或者不予受理决定。

对于受理的申请，考核发证机关应当及时向申请人核发准考证。

3. 考核内容

建筑施工特种作业人员的考核内容包括安全技术理论和实际操作。考核内容分为掌握、熟悉和了解三类。其中，掌握即要求能运用相关特种作业知识解决实际问题，熟悉即要求能较深入地理解相关特种作业安全技术知识，了解即要求具有相关特种作业的基本知识。具体内容参照《建筑施工特种作业人员安全技术考核大纲（试行）》。

4. 考核办法

建筑施工特种作业人员的考核大纲由国务院建设主管部门制定。

根据《关于建筑施工特种作业人员考核工作的实施意见》的规定，考核方法如下：

(1) 安全技术理论考核，采用闭卷笔试方式。考核时间为2小时，实行百分制，60分为合格。其中，安全生产基本知识占25%，专业基础知识占25%，专业技术理论占50%。

(2) 安全操作技能考核，采用实际操作（或模拟操作）、口试等方式。考核实行百分制，70分为合格。

(3) 安全技术理论考核不合格的，不得参加安全操作技能考核。安全技术理论考试和实际操作技能考核均合格的，为考核合格。

考核发证机关应当自考核结束之日起10个工作日内公布考核成绩。

考核发证机关对于考核合格的，应当自考核结果公布之日起10个工作日内颁发资格证书；对于考核不合格的，应当通知申请人并说明理由。

资格证书应当采用国务院建设主管部门规定的统一样式,由考核发证机关编号后签发。资格证书在全国通用。

三、特种作业人员从业制度

1. 对从业人员的要求

(1)持有效特种作业操作资格证书的人员,应当在受聘于建筑施工企业或者建筑起重机械出租单位,并与用人单位订立劳动合同后,方可从事相应的特种作业。

(2)首次取得资格证书的特种作业人员,在正式上岗前,应当在参加不少于3个月的实习操作合格后,方可独立上岗作业。

(3)特种作业人员应严格在其资格证书的操作范围内作业。

(4)建筑施工特种作业人员应当严格按照安全技术标准、规范和规程进行作业,正确佩戴和使用安全防护用品,并按规定对作业工具和设备进行维护保养。

(5)在施工中发生危及人身安全的紧急情况时,建筑施工特种作业人员有权立即停止作业或者撤离危险区域,并向施工现场专职安全生产管理人员和项目负责人报告。

(6)建筑施工特种作业人员应当参加年度安全教育培训或者继续教育,每年不得少于24小时。

2. 对用人单位的要求

(1)与持有效资格证书的特种作业人员订立劳动合同。

(2)制定并落实本单位特种作业安全操作规程和有关安全管理制度。

(3)书面告知特种作业人员违章操作的危害。

(4)向特种作业人员提供齐全、合格的安全防护用品和安全的作业条件。

(5)按规定组织特种作业人员参加年度安全教育培训或者继续教育,培训时间不得少于24小时。

(6)建立本单位特种作业人员管理档案。

(7) 查处特种作业人员违章行为并记录在案。
(8) 任何单位和个人不得非法涂改、倒卖、出租、出借或者以其他形式转让资格证书。
(9) 建筑施工特种作业人员变动工作单位,任何单位和个人不得以任何理由非法扣押其资格证书。
(10) 法律、法规及有关规定明确的其他职责。

四、特种作业操作资格证书管理制度

1. 有效期

资格证书有效期为2年。有效期满需要延期的,建筑施工特种作业人员应当于期满前3个月内向原考核发证机关申请办理延期复核手续。延期复核合格的,资格证书有效期延期2年。

2. 延期复核

(1) 延期申请。建筑施工特种作业人员申请延期复核,应当提交下列材料:

1) 身份证(原件和复印件)。
2) 体检合格证明。
3) 年度安全教育培训证明或者继续教育证明。
4) 用人单位出具的特种作业人员管理档案记录。
5) 考核发证机关规定提交的其他资料。

(2) 复核。建筑施工特种作业人员在资格证书有效期内,有下列情形之一的,延期复核结果为不合格:

1) 超过相关工种规定年龄要求的。
2) 身体健康状况不再适应相应特种作业岗位的。
3) 对生产安全事故负有责任的。
4) 2年内违章操作记录达3次(含3次)以上的。
5) 未按规定参加年度安全教育培训或者继续教育的。
6) 考核发证机关规定的其他情形。

考核发证机关在收到建筑施工特种作业人员提交的延期复核

资料后,应当根据以下情况分别作出处理:

1) 对属于以上情形之一的,自收到延期复核资料之日起 5 个工作日内作出不予延期决定,并说明理由。

2) 对提交资料齐全且无上述情形的,自受理之日起 10 个工作日内办理准予延期复核手续,在证书上注明延期复核合格,并加盖延期复核专用章。

考核发证机关应当在资格证书有效期满前按以上规定作出决定;逾期未作出决定的,视为延期复核合格。

3. 监督管理

考核发证机关应当制定建筑施工特种作业人员考核发证管理制度,建立本地区建筑施工特种作业人员档案。

县级以上地方人民政府建设主管部门应当监督检查建筑施工特种作业人员从业活动,查处违章作业行为并记录在案。

考核发证机关应当在每年年底向国务院建设主管部门报送建筑施工特种作业人员考核发证和延期复核情况的年度统计信息资料。

有下列情形之一的,考核发证机关应当撤销资格证书:

(1) 持证人弄虚作假骗取资格证书或者办理延期复核手续的。

(2) 考核发证机关工作人员违法核发资格证书的。

(3) 考核发证机关规定应当撤销资格证书的其他情形。

有下列情形之一的,考核发证机关应当注销资格证书:

(1) 依法不予延期的。

(2) 持证人逾期未申请办理延期复核手续的。

(3) 持证人死亡或者不具有完全民事行为能力的。

(4) 考核发证机关规定应当注销资格证书的其他情形。

第二节 安全生产管理制度

一、安全生产责任制度

安全生产责任制度是建筑施工企业最基本的安全生产管理制度,是按照"安全第一、预防为主、综合治理"的安全生产方针和"管生产必须管安全""谁主管、谁负责""安全具有否决权"的原则,将企业各级负责人、各职能机构及其工作人员和各岗位工作人员在安全生产方面应做的工作和应负的责任加以明确规定的一种制度。安全生产责任制度是建筑施工企业所有安全规章制度的核心。

安全生产责任制度有广义和狭义之分。狭义的安全生产责任制度包含四层含义:企业负责人的安全生产责任制度,企业各部门及其负责人的安全生产责任制度,企业一般管理人员的安全生产责任制度,操作工人的安全生产责任制度。广义的安全生产责任制度,不仅包括狭义的安全生产责任制度,而且包括安全生产其他各项规章制度。

《建筑法》《安全生产法》《建设工程安全生产管理条例》《建筑施工安全检查标准》《施工企业安全生产评价标准》《建设工程项目管理规范》等法律、法规、规范、标准明确要求企业必须建立健全安全生产责任制度,安全生产责任制度不仅是安全管理的核心制度,而且是国家安全生产方针"安全第一、预防为主、综合治理"的具体体现。因此,建立健全安全生产责任制度,落实各级各部门各人员的安全生产责任制度,是保障职工安全与健康,保证安全生产、文明施工,促进企业安全管理工作再上新台阶,树立企业良好的社会形象,推动企业进一步发展壮大最有效的途径,也是最根本的手段。因此,正确理解、实施安全生产责任制度是确保安全生产、文明施工的第一步,也是最关键的一步。只有全面、具体、详细地了解安全生产责任制度,才能更好地实施、落实安全生产责任制度,安全生产才会得到最大限度的保障。

安全生产责任制度的内容如下:

1. 法律、法规、规范、标准、规程等明确要求应当制定的制度

(1)《建筑法》《安全生产法》《建设工程安全生产管理条例》中明确要求应当制定的制度有:安全生产责任制度(狭义)、群防群治制度、安全生产教育培训制度、事故责任追究制度、消防安全责任制度、消防安全管理制度、安全生产规章制度等。

(2)《建筑施工安全检查标准》《建设工程项目管理规范》中明确要求应当制定的制度有:各级各部门各人员的安全生产责任制度(狭义)、安全检查制度、安全教育制度、班前安全活动制度、门卫制度、消防制度、治安保卫制度等。

(3)《施工企业安全生产评价标准》(JGJ/T 77—2010)中明确要求应当制定的制度有:安全生产责任制度(狭义),安全生产奖惩考核制度,安全生产资金保障制度,安全生产教育培训制度,安全检查制度,事故报告处理制度,施工组织设计编审制度,大型设备拆装、验收、检测、使用、维修、保养、改造、报废制度等。

2. 法律、法规、规范、标准、规程等明确要求应当做好的工作

法律、法规、规范、标准、规程等虽未明确规定应当制定有关规章制度,但其条文中明确要求应当做好有关工作。作为生产企业,为确保安全生产、文明施工,保证安全管理工作的高效运转,就应当保证此项安全管理工作的落实与落实的实效性,因此必须做到规范化、制度化,制定相应的规章制度。

(1)依据《建筑法》《安全生产法》《建设工程安全生产管理

条例》的要求，应当制定的制度有：安全技术措施（或专项安全施工组织设计、施工方案等）编审制度，环保制度（防尘、防"三废"、防噪声、防振动等），特殊作业申报制度（临时占道、爆破、夜间施工、可能损毁公共设施等作业），保险制度（包括意外伤害保险制度、职工社会保险制度等），安全宣传制度，安全资金提留、保管、使用制度，工伤事故报告处理统计制度，持证上岗制度（包括管理人员持证上岗、特种作业人员持证上岗、一般工人持证上岗等），安全标牌管理制度，安全防护用具、安全设施、机械、设备、施工机具检查、验收、维护、保养、检测制度，准用证（使用证）发放制度，重大危险源登记建档、检测、评估、监控制度，应急救援预案报审制度，安全隐患批评、检举、控告制度，工会监督制度，安全技术交底制度等。

(2) 依据《建筑施工安全检查标准》《建设工程项目管理规范》的要求，应当制定的制度有：专（兼）职安全员设置制度，目标管理考核制度，管理人员年度安全教育培训考核制度，施工现场全封闭施工管理制度，现场管理制度，动火申请、审批、监护制度，卫生责任制度，急救制度，模板拆除申请审批制度，遵章守纪制度，奖罚制度（规定），施工用电使用制度，各专项安全设施、施工机械检查、验收、维护、保养、检测制度（文明施工制度，脚手架检查、验收、维护制度，基坑支护检查、验收、维护制度，模板检查、验收、维护制度，"三宝""四口"防护检查、验收、维护制度，井架检查、验收、维护、保养制度，塔吊检查、验收、维护、保养制度，施工机械检查、验收、维护、保养制度）等。

3. 安全管理体系、安全管理机构、安全管理人员

(1) 安全管理体系。科学、严谨的安全管理体系，是安全管理机构高效运行的基本保障，是安全管理人员认真履行职责的基本前提，它直接关系到安全管理目标能否实现，直接关系到广大职工的安全与健康能否得到保证。

(2) 安全管理机构。安全管理机构是组织、制定、执行、修改制度的机构，所有安全管理工作都必须经过该机构的运转方能得到落实，其落实的效率与效果如何，很大程度上取决于该机构的运转情况。因此，组建一个高效精干的安全管理机构是安全管理工作能否顺利进行的关键，是确保安全生产、保障职工安全与健康的基础。

(3) 安全管理人员。必须按照有关规定配备足够的专（兼）职安全管理人员，并持证上岗。安全管理人员应经年度安全教育培训考核合格，否则不得上岗作业。安全管理人员必须认真履行自己的安全生产职责，严格遵守安全生产各项规章制度，贯彻执行安全生产方针、政策、法律、法规、标准、规范、规程，企业标准、规程、规定，尤其是工程建设标准强制性条文，严格按照施工组织设计、安全技术措施、专项安全施工方案、安全技术交底等进行安全生产监督、指导、检查、验收等工作。安全管理人员能否认真履行职责，主动、积极地进行安全管理工作，是实现安全生产、文明施工最直接的保障。它直接关系到安全生产工作能否最终实现预期目标，最终它将体现安全管理目标的实现程度，体现安全管理工作飞跃发展的程度。

特种作业人员应遵守安全生产规章制度，服从管理，坚守岗位，认真执行操作规程，不违章作业，对本工种岗位的安全生产、文明施工负主要责任。

二、安全生产培训制度

《安全生产法》第二十一条、第二十二条、第二十三条对安全生产教育培训作了相关规定。在贯彻实施《安全生产法》的过程中，建筑企业通过大力开展安全教育培训工作，使企业各级人员不同程度地增强了安全生产意识，丰富了安全生产知识，学会了安全生产技能，提高了安全管理能力。

1. 三级安全教育

建筑施工企业对新进场工人进行的安全生产基本教育包括公司级安全教育、项目级安全教育和班组级安全教育，称为三级安全教育。新进场的特种作业人员必须接受三级安全教育培训。未经安全教育培训或者培训考核不合格的人员，不得上岗作业。

(1) 公司级安全教育。培训教育的时间不得少于15学时，教育内容为：

1) 国家和地方有关安全生产方针、政策及法律法规。

2) 建筑施工特点及施工安全、职业健康和劳动保护的基本知识。

3) 建筑施工人员安全生产方面的权利和义务。

4) 本企业的安全生产规章制度、劳动纪律。

5) 事故教训和事故现场伤员抢救、排险、保护现场与及时报告等。

6) 应急预案以及演练。

(2) 项目级安全教育。培训教育的时间不得少于15学时，教育内容为：

1) 工程概况、施工现场作业环境和施工安全特点。

2) 施工现场安全生产和文明施工规章制度。

3) 机械设备、电气安全及高处作业的基本知识。

4) 防火、防毒、防尘、防爆的基本知识。

5) 常用劳动防护用品佩戴、使用的基本知识。

6) 本项目危险源辨识和安全防范措施。

7) 生产安全事故发生时自救、排险、抢救伤员、保护现场与及时报告等应急措施。

(3) 班组级安全教育。培训教育的时间不得少于20学时，教育内容为：

1) 班组作业特点及安全操作规程。

2) 班组安全活动制度及纪律。

3）正确使用安全防护装置（设施）及个人劳动用品。

4）本工种易发生事故的不安全因素及其防范对策。

5）本工种作业环境及使用机械设备、工具的安全要求。

6）本工种易发生事故的自救、排险、抢救伤员、保护现场与及时报告等应急措施。

建筑施工企业应建立健全新进场工人的三级安全教育档案，三级教育记录卡必须由教育者和被教育者本人签字确认，培训完成并经分工种考试或考核合格后，方可上岗。

2. 年度安全教育培训

特种作业人员应参加年度安全教育培训，培训时间不得少于24 小时。其教育培训情况记入个人工作档案。年度安全教育培训考核不合格的人员，不得上岗。

3. 经常性安全教育

建筑施工企业应坚持开展经常性安全教育，经常性安全教育宜采取安全生产讲座、安全生产知识竞赛、广播、播放音像制品、文艺演出、简报、通报、黑板报等形式，在施工现场设置安全教育宣传栏和张贴安全生产宣传标语。特种作业人员应积极参加和接受经常性安全教育。

4. 转场、转岗安全教育

作业人员进入新的施工现场前，施工单位必须根据新的施工作业特点组织开展有针对性的安全生产教育培训，使作业人员熟悉项目的安全生产规章制度，了解工程项目特点和安全生产注意事项。

作业人员走上新的岗位前，施工单位必须根据新岗位的作业特点组织开展有针对性的安全生产教育培训，使作业人员熟悉新岗位的安全操作规程和安全注意事项，掌握新岗位的安全操作技能。

5. 新技术、新工艺、新材料、新设备安全教育

采用新技术、新工艺、新材料或者使用新设备的工程，施工单位应当充分了解与研究，掌握其安全技术特征，有针对性地采取安全防护措施，并对作业人员进行教育培训。特种作业人员应当接受相应的教育培训，掌握新技术、新工艺、新材料或者新设备的操作技能和事故防范知识。

6. 季节性安全教育

季节性施工主要是指夏季与冬季施工。季节性安全教育是针对气候特点可能给施工安全带来危害而组织的安全教育，例如在高温、严寒、台风、雨雪等特殊气候条件下施工时，建筑施工企业应结合实际情况，对作业人员进行有针对性的安全教育。

7. 节假日安全教育

节假日安全教育是针对节假日（如元旦、春节、劳动节、国庆节等）期间和前后职工工作情绪不稳定、思想不集中、注意力分散而进行的安全教育。同时，对节日期间消防、生活用电、交通、社会治安等方面应注意的事项进行告知性教育。

三、班组班前活动制度

施工班组在每天上班前进行的安全活动，称为班前活动。建筑施工企业必须建立班前活动制度。施工班组应每天进行班前活动，填写班前活动记录表。班前活动由班组长组织实施。班前活动应包括以下主要内容：

（1）前一天安全生产工作小结，包括施工作业中存在的安全问题和应吸取的教训。

（2）当天工作任务及安全生产要求，针对当天作业内容和环节、危险部位和危险因素、作业环境和气候情况提出安全生产要求，并指定安全负责人和监护人。

（3）班前安全教育，包括项目和班组的安全生产动态、国家和地方的安全生产形势、近期生产安全事故及事故案例教育。

（4）岗前安全隐患检查及整改，具体检查机械、电气设备、防护设施、个人安全防护用品、作业人员的安全状态。

四、安全专项施工方案编写和审批制度

建筑工程安全专项施工方案是指建筑施工过程中，施工单位在编制施工组织（总）设计的基础上，对危险性较大的分部分项工程，依据《建设工程安全生产管理条例》《危险性较大工程安全专项施工方案编制及专家论证审查办法》等有关工程建设标准、规范和规章，单独编制具有针对性的安全技术措施文件。

1. 编制范围

（1）基坑支护工程。基坑支护工程是指开挖深度超过 5 m（含 5 m）的基坑（槽）并采用支护结构施工的工程；或基坑虽未超过 5 m，但地质条件和周围环境复杂、地下水位在坑底以上等工程。

（2）土方开挖工程。土方开挖工程是指开挖深度超过 5 m（含 5 m）的基坑、槽的土方开挖。

（3）模板工程。模板工程包括各类工具式模板工程，如滑模、爬模、大模板等；水平混凝土构件模板支撑系统及特殊结构模板工程。

（4）起重吊装工程。

（5）脚手架工程

1）高度超过 24 m 的落地式钢管脚手架。

2）附着式升降脚手架，包括整体提升与分片提升。

3）悬挑式脚手架。

4）门型脚手架。

5）挂脚手架。

6）吊篮脚手架。

7）卸料平台。

（6）拆除、爆破工程。采用人工、机械拆除或爆破拆除的工程。

（7）其他危险性较大的工程

1) 建筑幕墙的安装施工。
2) 预应力结构张拉施工。
3) 隧道工程施工。
4) 桥梁工程施工（含架桥）。
5) 特种设备施工。
6) 网架和索膜结构施工。
7) 6 m 以上的边坡施工。
8) 大江、大河的导流、截流施工。
9) 港口工程、航道工程。
10) 采用新技术、新工艺、新材料，可能影响建设工程质量安全，已经行政许可，尚无技术标准的施工。

2. 编制审核

建筑施工企业专业工程技术人员编制的安全专项施工方案，由施工企业技术部门专业技术人员及监理单位专业监理工程师进行审核；审核合格，由施工企业技术负责人、监理单位总监理工程师签字确认。

3. 论证审查的工程

(1) 深基坑工程。开挖深度超过 5 m（含 5 m）或地下室三层以上（含三层），或深度虽未超过 5 m（含 5 m），但地质条件、周围环境及地下管线极其复杂的工程。

(2) 地下暗挖工程。地下暗挖遇有溶洞、暗河、瓦斯、岩爆、涌泥、断层等地质复杂的隧道工程。

(3) 高大模板工程。水平混凝土构件模板支撑系统高度超过 8 m，或跨度超过 18 m，施工总荷载大于 10 kN/m²，或集中线荷载大于 15 kN/m² 的模板支撑系统。

(4) 30 m 及以上高处作业的工程。

(5) 大江、大河中深水作业的工程。

(6) 城市房屋拆除爆破和其他土石方爆破工程。

4. 专家论证审查

（1）建筑施工企业应当组织不少于5人的专家组，对已编制的安全专项施工方案进行论证审查。

（2）安全专项施工方案审查专家组必须提出书面论证审查报告，施工企业应根据论证审查报告对安全专项施工方案进行完善，施工企业技术负责人、总监理工程师签字后，方可实施。

（3）专家组书面论证审查报告应作为安全专项施工方案的附件，在实施过程中，施工企业应严格按照安全专项施工方案组织施工。

五、安全技术交底制度

安全技术交底是指将预防和控制生产安全事故发生及减少其危害的安全技术措施以及工程项目、分部分项工程概况向作业班组、作业人员作出的说明。安全技术交底制度是施工单位有效预防违章指挥、违章作业和伤亡事故发生的一种有效措施。

《建设工程安全生产管理条例》第二十七条规定，建设工程施工前，施工单位负责项目管理的技术人员应当将有关安全施工的技术要求向施工作业班组、作业人员作出详细说明，并由双方签字确认。

1. 安全技术交底的基本要求

（1）安全技术交底必须内容具体、明确、有针对性。

（2）安全技术交底应明确分析出工程施工给作业人员带来的潜在危险和应采取的有效安全技术措施。

（3）安全技术交底实行分级制度，开工前由技术负责人向全体职工进行交底。两个以上施工队或工种配合施工时，要按工程进度进行交叉作业交底。班组长每天向工人进行施工作业要求、作业环境的安全交底。在下达施工任务时，必须填写安全技术交底卡。安全技术交底应从上到下逐级进行，确保具体操作的交底内容顺利传达给班组全体作业人员。

(4) 安全技术交底一般与分部分项安全技术交底同步进行,对施工工艺复杂、施工难度较大或作业条件差的,应单独进行各工种的安全技术交底。

(5) 安全技术交底应采用书面形式,交底双方应签字确认。

2. 安全技术交底的主要内容

安全技术交底的主要内容包括:工程项目和分部分项工程概况、危险部位及相应的防范措施,作业中应注意的安全事项,作业人员应遵守的安全操作规程、工艺要点,发现安全隐患应采取的措施,发生事故时应采取的避险和急救措施。

第四章

高处作业安全知识

第一节 概 述

一、高处作业

高处作业工作量大、操作人员多、员工流动性大,加上多工种交叉、立体作业,并且临时设施多,现场条件差,各种不安全因素多,因此事故发生也较多。"高处坠落、物体打击、机械伤害、触电、坍塌"这五大伤害严重威胁着建筑企业职工的健康和生命安全,而"高处坠落"又被列为建筑施工五大伤害之首,事故发生率极高,约占各类事故总数的50%以上,危险性极大。因此,深入分析高处坠落事故产生的原因,采取必要的措施加以预防,进而逐步减少甚至杜绝建筑业伤亡事故的发生就显得尤为重要和迫切。

根据《建筑施工高处作业安全技术规范》(JGJ 80—1991)的有关规定,现对高处作业介绍如下:

高处作业是指在坠落高度基准面2 m以上(含2 m),有可能坠落的高处进行的作业。这里的坠落高度基准面是指在可能坠落范围内最低处的水平面。可能坠落范围是指以作业位置为中心,以可能坠落的距离为半径划定的与水平面相垂直的柱形空间。

可能坠落范围半径 R,根据高度 h 不同分别是:

当高度 h 为 2～5 m 时，半径 R 为 2 m。
当高度 h 为 5～15 m 时，半径 R 为 3 m。
当高度 h 为 15～30 m 时，半径 R 为 4 m。
当高度 h 为 30 m 以上时，半径 R 为 5 m。
高度 h 为作业位置至其底部的垂直距离。

二、高处作业分级

高处作业高度是指该作业区各作业位置至相应坠落高度基准面的垂直距离的最大值。

高处作业高度分为 2～5 m、5～15 m、15～30 m 及 30 m 以上四个区段。

直接引起坠落的客观危险因素有：

(1) 阵风风力 5 级（风速 8.0 m/s）以上。

(2) GB/T 4200—2008 规定的Ⅱ级或Ⅱ级以上的高温作业。

(3) 平均气温等于或低于 5℃的作业环境。

(4) 接触冷水温度等于或低于 12℃的作业。

(5) 作业场地有冰、雪、霜、水、油等易滑物。

(6) 作业场所光线不足，能见度差。

(7) 作业活动范围与危险电压带电体的距离小于表 4—1 的规定。

(8) 摆动，立足处不是平面或只有很小的平面，即任一边小于 500 mm 的矩形平面、直径小于 500 mm 的圆形平面或具有类似尺寸的其他形状的平面，致使作业者无法维持正常姿势。

(9) 具有 GB 3869—1997 规定的Ⅲ级或Ⅲ级以上的体力劳动强度。

(10) 存在有毒气体或空气中氧的体积分数小于 0.195 的作业环境。

(11) 可能引起各种灾害事故的作业环境。

按照《高处作业分级》（GB/T 3608—2008）的规定，不存在上述11种中的任何一种客观危险因素的高处作业按表4—2规定的A类分级，存在一种及以上客观危险因素的高处作业按表4—2规定的B类分级。

表4—1　　作业活动范围与危险电压带电体的距离

危险电压带电体的电压等级（kV）	距离（m）
≤10	1.7
35	2.5
63～100	2.9
220	4.0
330	5.0
500	6.0

表4—2　　　　　　　　高处作业分级

分类法	高处作业高度（m）			
	$2 \leqslant h_w \leqslant 5$	$5 < h_w \leqslant 15$	$15 < h_w \leqslant 30$	$h_w > 30$
A	I	II	III	IV
B	II	III	IV	IV

第二节　建筑施工高处作业的安全措施

高处作业活动面积小，周边临空，风力大，且垂直交叉作业多，稍有疏忽，就有可能造成严重事故，因此高处作业必须严格执行《建筑施工高处作业安全技术规范》（JGJ 80—1991）和《建筑施工安全检查标准》（JGJ 59—1999）等有关规定。

一、高处作业技术措施

（1）设置安全防护设施，如防护栏杆、挡脚板、洞口的封口盖板、临时脚手架和平台、扶梯、防护棚（隔离棚）、安全网等。

（2）安装通信装置，如为塔式起重机司机配备对讲机。

（3）高处作业周边地区设置警示标志，夜间张挂红色警示灯。

（4）设置足够的照明。

（5）穿防滑鞋，正确佩戴和使用安全帽、安全带等安全防护用具。

（6）设置供作业人员上下的扶梯和斜道。

二、高处作业管理措施

（1）从事高处作业的人员，需经体检合格，达到法定劳动年龄，具有一定的文化程度，接受安全教育。从事架体搭设、起重机械拆装等高处作业的人员，还应取得特种作业操作资格证书。

根据《建筑安装工人安全技术操作规程》的规定，从事高处作业的人员要定期体检，凡患有贫血、高血压、心脏病、癫痫病者以及其他不适合从事高处作业的人员，不得从事高处作业。

（2）因作业必需而临时拆除或变动安全防护设施时，须经有关负责人同意，并采取相应的可靠措施，作业后应立即恢复。

（3）遇有 6 级（风速 10.8 m/s）以上强风、浓雾等恶劣天气，不得进行露天高处作业。

（4）高处作业所用材料要堆放平稳，工具应随手放入工具袋（套）内，严禁高空抛掷作业工具、材料等。

（5）严禁跨越或攀登防护栏杆以及脚手架和平台等临时设施的杆件。

（6）雨天和雪天进行高处作业时，必须采取可靠的防滑、防寒和防冻措施。凡有水、冰、霜、雪，均应及时清除。从事高处作业衣着要轻便，禁止穿硬底和带钉易滑的鞋。

（7）梯子不得缺档，不得垫高使用。梯子横档间距以 30 cm 为宜，使用时上端要扎牢，下端应采取防滑措施。单面梯与地面夹角以 60°～70°为宜，禁止两人同时在梯子上作业。如需接长使用，应绑扎牢固。人字梯底脚要拉牢。在通道处使用梯子，应有人监护或设置围栏。

（8）没有安全防护设施，禁止在屋架的上弦、支撑、桁条、挑架的挑梁和未固定的构件上行走或作业。高处作业时与地面联系，应设通信装置，并专人负责。

（9）乘人的外用电梯、吊笼，应有可靠的安全装置。除指派的专业人员外，禁止攀登起重臂、绳索和随同运料的吊篮、吊装物上下。

（10）加强安全巡查。

三、安全防护设施验算检查

高处作业的安全防护设施，必须按有关规定，分类别地逐项检查和验收，验收合格后方可进行高处作业。

安全防护设施可按工程进度分阶段进行验收。经验收检查不合格的，必须按时整改，复查合格后方可进行作业。

施工期内应对高处作业的安全防护设施进行各项检查，若发现有松动、变形、损坏或脱落等现象，应立即修理完善。

（1）定期检查。

（2）复工检查，春季及停止施工较长时间复工前的检查。

（3）专项检查，暴风雪及台风、暴雨后进行的检查。

第三节　建筑施工高处作业

建筑施工高处作业主要包括临边、洞口、攀登、悬空、操作平台及交叉等作业。

高处作业应遵守以下安全要求基本规定：

（1）高处作业的安全技术措施及其所需料具，必须列入工程施工组织设计。

（2）单位工程施工负责人应对工程高处作业的安全技术负责并建立相应的责任制。

施工前应逐级进行安全技术教育及交底，落实所有安全技术措施和人身防护用品，未经落实不得进行施工。

（3）高处作业中的安全标志、工具、仪表、电气设备和各种设施，必须在施工前加以检查，确认其完好，方能投入使用。

（4）攀登和悬空高处作业人员以及搭设高处作业安全设施的人员，必须经过专业技术培训及专业考试合格，持证上岗，且定期进行体检。

（5）若施工中发现高处作业安全设施存在缺陷和隐患，必须及时解决；危及人身安全时，必须停止作业。

（6）施工作业场所有发生坠落可能的物件，应一律先行撤除或加以固定。

高处作业所用物料应堆放平稳，不得妨碍通行和装卸。工具应随手放入工具袋内；走道、通道板和登高用具，应随时清扫干净；拆卸下来的物件及余料和废料均应及时清理运走，不得随意乱置或向下丢弃。传递物件禁止抛掷。

（7）雨天和雪天进行高处作业时，必须采取可靠的防滑、防寒和防冻措施。凡有水、冰、霜、雪，均应及时清除。对进行高处作业的高耸建筑物，应事先安装避雷设施。遇有6级以上强风、浓雾等恶劣天气，不得进行露天攀登和悬空高处作业。暴风雪及台风、暴雨后，应对高处作业安全设施逐一加以检查，发现有松动、变形、损坏或脱落等现象，应立即修理完善。

（8）因作业必需而临时拆除或变动安全防护设施时，须经施工负责人同意，并采取相应的可靠措施，作业后应立即恢复。

（9）搭设与拆除防护棚时应设警戒区，并派专人监护。严禁上下同时拆除。

（10）高处作业安全设施的主要受力杆件，力学计算按一般结构力学公式,强度及挠度计算按现行有关规范进行,但钢受弯构件的强度计算不考虑塑性影响,构造应符合现行相应规范的要求。

一、临边作业

在建筑施工现场,坠落高度为 2 m 及以上的作业面,如边缘无围护设施或有围护设施但其高度低于 800 mm 时,这类作业称为临边作业,如图 4—1 所示。

图 4—1 临边作业

1. 常见的临边部位

(1) 在建工程的楼层、屋面、楼梯口、阳台、雨篷、挑檐等边缘。

(2) 土方开挖形成的基坑(槽、沟)、深基础等周边。

(3) 辅助设施,如水箱、水塔、池槽等周边。

(4) 设备安装处,如电梯井道、垃圾井道、施工升降机和物料提升机等垂直运输设备与各层面接口的通道边缘、接料平台等。

其中,尚未安装栏杆的阳台周边、无外架防护的屋面周边、框架工程楼层周边、上下通道斜道两侧边、卸料平台的外侧边称为"五临边"。

2. 防护设施

临边作业的防护设施主要是防护栏杆和安全网。

供临边防护用的栏杆由栏杆立柱和上、下两道横杆组成,上横杆称为扶手。上横杆离地高度为 1~1.2 m,下横杆离地高度为 0.5~0.6 m。临边作业的防护栏杆应能承受 1 000 N 的外力撞击。

当横杆长度大于 2 m 时,应当加设栏杆立柱。

在建筑施工现场用来防止人、物坠落或用来避免、减轻坠落及物体打击伤害的网具,统称安全网。安全网主要有平网和立网两种。水平方向安装,用来承接人和物坠落的垂直载荷的,称为安全平网;垂直方向安装,用来阻挡人和物坠落的水平载荷的,称为安全立网。

防护栏杆必须自上而下用安全立网封闭或在栏杆下边设置严密固定的高度不低于 180 mm 的挡脚板或 400 mm 的挡脚笆。对于临街或人流密集处、斜坡屋面处、施工升降机的接料平台及通道两侧,应自上而下加挂密目安全网。

二、洞口作业

在建筑施工现场的洞口旁,且有 2 m 及以上坠落高度的作业,统称洞口作业,如图 4—2 所示。楼梯口、电梯井、预留洞口和通道口称为"四口"。

1. 常见的洞口形式

(1) 水平面上的洞口,主要有各类地面、楼面、屋面、顶盖上的洞口,如楼面各种预留洞口、预制楼板拼缝、沟槽、化粪池、钢管桩及灌注桩口等。

(2) 垂直面上的洞口,主要有各类墙面上的洞口,如门洞、窗洞、墙板预留洞口等。

图 4—2 洞口作业

（3）设备安装预留洞口，既有水平面上的洞口，如大型化工设备、锅炉等穿楼板预留洞口；也有垂直面上的洞口，如电梯预留门洞、施工升降机和物料提升机的上料口等。

2. 洞口防护

洞口作业的防护措施主要有设置封口盖板、防护栏杆、栅门、格栅及架设安全网等。

（1）水平面上的洞口，应按口径大小设置不同的封口盖板。25～50 cm 的较小洞口、安装预制件的临时洞口，一般可用竹、木盖板封口；50～150 cm 的较大洞口，可使用钢管扣件设置的网格或钢筋焊接成的网格，网格间距不大于 20 cm，然后盖上竹盖板、木盖板并固定；边长大于 150 cm 的大洞口，应在四周设置防护栏杆，并在洞口下方设置安全平网。

（2）垂直面上的洞口，一般采用工具式、开关式或固定式防护门，也可采用栏杆加挡脚板（笆）防护。

（3）施工升降机、物料提升机吊笼上料通道口，应安设有联锁装置的安全门；接料平台接料口应当设置可开启的栅门，不进出时应处于关闭状态。

(4)电梯井口、立面洞口根据具体情况安设防护栏杆或固定栅门、工具式栅门,电梯井内每隔两层或最多10 m设一道安全平网。

(5)安全通道附近的各类洞口与场地上深度在2 m以上的洞口等处,除设置防护设施与安全标志外,夜间还应张挂红色警示灯。

三、攀登作业

在建筑施工现场,凡借助登高工具或设施,在攀登条件下进行的高处作业,统称攀登作业,如图4—3所示。由于人体在高空中且处于不断移位的活动状态,所以攀登作业有很大的危险性。在建筑施工现场,攀登作业使用的主要工具是梯子。

图4—3 攀登作业

1. 登高用梯的种类

登高作业使用的梯子主要有移动梯、折梯、固定梯和挂梯等四类。

(1) 移动梯是应用最频繁的一种梯子，具有搬动方便、使用灵活、登高高度较高等优点，但受到工作倾角的限制，有一定的危险性。

(2) 折梯是移动梯的一种特殊形式，因可折叠而得名，俗称"八字梯""趴脚梯"。由于有较大的支撑面积，所以具有较好的稳定性和较高的安全性，但受到折叠角度及梯子自重的限制，一般较低。

(3) 固定梯是在配电房、水塔、锅炉房、钢柱等结构物的侧立面上，以及大型起重机械如塔式起重机的塔身内侧，为了便于拆装、使用、维修、保养等而安装、制作的直爬型扶梯。固定梯一般采用钢材制作，梯宽不大于 50 cm。

(4) 挂梯是在消防救灾、脚手架等临时设施的施工中挂置使用的梯子，具有轻巧、灵活的特点，一般采用钢材或者轻合金制作。

2. 登高用梯应注意的事项

(1) 外购扶梯，必须符合有关标准的要求。

(2) 踏板间距宜在 30 cm 左右，不得有缺档。

(3) 踏板应采用具有防滑性能的材料。

(4) 踏板承载能力不得小于 1 100 N。

(5) 移动梯可接高使用，但只能接高一次。接高后连接部位的承载能力不得小于 1 100 N。

(6) 移动梯、折梯在使用过程中不得用凳子、木箱等临时垫高。

(7) 上下梯子时，必须面向梯子，一般情况下不得手持器物。

(8) 梯子应设置在适当的位置。

(9) 使用移动梯和折梯时，旁边应有专人进行看管、监护等。

3. 攀登作业的安全要求

（1）钢结构和机械设备的安装需登高时，必须借助扶梯、平台等设施，并在规定的通道内行走。此外，不得利用建筑物阳台、起重机和升降机等施工设备、脚手架杆件等非正规通道进行攀登。

（2）扶梯的结构、强度、刚度及使用性能应符合有关规定。

（3）钢柱安装需登高时，应使用钢挂梯或操作平台。

（4）安装钢梁时，应在两端设置挂梯或搭设临时脚手架。需在梁面上行走时，可设置钢索扶手，其垂度应不大于长度的 1/20，且不大于 10 cm。

（5）吊装钢屋架时，应在屋架两端设置上下用扶梯；屋架上弦处预设防护栏杆，下弦处张挂安全网，并在吊装完毕后将安全网重新固定。

四、悬空作业

在建筑施工现场周边处于临空状态、无立足点或无牢固可靠立足点的条件下进行的高处作业，称为悬空作业，如图 4—4 所示。

1. 悬空作业的类别

建筑施工现场悬空作业主要有以下六大类：

（1）构件吊装与管道安装。

（2）模板及支架系统的搭设与拆卸。

（3）钢筋绑扎和安装钢筋骨架。

（4）混凝土浇筑。

（5）预应力张拉。

（6）门窗安装作业。

2. 悬空作业应注意的事项

（1）构件吊装与管道安装。钢结构吊装前应尽可能先在地面上组装构件，尽量避免或减少在悬空状态下作业，搭设好进行悬空作业所需要的安全设施；悬空安装大模（墙）板、吊装第一块预制构件、吊装单独的大中型预制构件时，操作人员必须站在操作平台上进行作业；操作平台应当根据具体情况配置防护栏杆、安全网或其他安全设施。吊装中的大模（墙）板、预制构件和石棉水泥板等屋面板上严禁站人；管道安装时必须以已完成的结构面或坚固的操作平台为立足点，严禁在管道上行走、站立或停靠。

图4—4 悬空作业

（2）模板及支架系统的搭设与拆卸。模板未固定前不得进入下一道工序。严禁在连接件上攀登，严禁在上下同一垂直面上进行拆装作业。结构复杂的模板应严格按照施工组织设计的安全技术措施进行支设和拆卸。支设悬挑形式的模板时，应有稳固的立足点；支设临空构筑物模板时，应搭设支架或脚手架。模板上有预留洞口时，应在安装后将洞口覆盖。现浇混凝土板拆模后形成的边缘或洞口，应采用防护栏杆和密目安全网进行防护。进行高处拆模作业时应配置登高梯架或搭设脚手架和脚手板，不准站在模板支撑或横档上进行操作。模板及其部件拆下后，临时堆放处离楼层边沿不得小于 1 m。

(3) 钢筋绑扎和安装钢筋骨架。进行钢筋绑扎和安装钢筋骨架的高处作业，应搭设操作平台并张挂安全网。为悬空的梁做钢筋绑扎时，操作人员应站在脚手架或操作平台上进行作业。绑扎柱和墙的钢筋时，不得站在钢筋骨架上或上下攀登。

(4) 混凝土浇筑。浇筑离地面高度 2 m 以上的框架、过梁、墙板、柱子、雨篷和小面积平台等，应搭设操作平台，操作人员不得站在模板上或支撑系统的杆件上进行作业；浇筑拱形结构，应从结构两边的端部对称、相向进行；浇筑储仓，下口应预先封闭；特殊情况下如无可靠的安全设施，必须系好安全带并扣好保险钩或架设安全网。

(5) 预应力张拉。在进行预应力张拉的悬空作业时，应搭设供操作人员站立和放置张拉设备的脚手架或操作平台。在预应力张拉区域，应悬挂明显的安全标志，禁止非操作人员进入，张拉钢筋的两端必须设置挡板。

(6) 门窗安装作业。安装门窗、涂漆及安装玻璃时，操作人员不得站在窗框或阳台栏板上进行作业。当门窗临时固定、封填材料尚未达到其应有强度时，不得手拉门窗进行攀登。在高处外墙上安装门窗且无外脚手架时，应张挂水平安全网；若无法张挂安全网，操作人员应系好安全带，并将保险钩挂在其上方的可靠结构上。进行各种窗口作业时，操作人员应处于室内，并系好、挂好安全带；不准站在外窗台板上进行作业。

另外，安装外墙门窗时，应设专人加以监护，以防脱钩等酿成事故。

(7) 悬空作业所使用的安全带挂钩、吊索、卡环和绳夹等必须符合相应规范的规定和要求。

五、操作平台

在建筑施工现场常搭设各种临时性的操作台、架，用于砌筑、浇筑、装修和设备安装等作业。在建筑施工现场，凡在一定工期内用于承载物料、为作业人员提供操作活动空间的平台，统称操作平台，如图4—5所示。

图4—5 操作平台

建筑施工现场常用的操作平台有移动式和悬挑式两种。

1. 操作平台的使用要求

（1）操作平台的制作，应由专业技术人员按照现行规范设计、计算，并编入施工组织设计。

（2）在操作平台的显著位置标明允许荷载值，严防超载使用。

（3）操作平台应具有足够的强度、刚度和稳定性，使用时不得晃动。

（4）应配备专人对操作平台的使用情况加以监督。

2. 移动式操作平台

移动式操作平台常用于结构施工、装修工程及水电安装等作业，可以搬移。一般采用竹、木、型钢、钢管等材料制成梁板结构形式。移动式操作平台的面积不应超过 10 m，高度不应超过

5 m。操作平台四周必须按临边作业要求设置防护栏杆，并按照登高作业要求配置扶梯。移动式操作平台可安装轮子，定位作业时，前后左右的轮子应有锁紧或垫紧斜楔等防滑措施。轮子与平台立杆的接合处应牢固、可靠，行走轮应有制动装置。严禁操作人员和料具总重超过允许荷载值。行走轮制动稳妥后方可进行作业。

3. 悬挑式操作平台

悬挑式操作平台用于接送、转运物料等，通常为型钢制作的梁板结构，制作后可整体搬运及吊装。使用时一边搁支在楼面上，另一边用钢丝绳吊挂在建筑结构上。悬挑式操作平台具有操作面积大、承载力大和可周转使用等特点。悬挑式操作平台的设计应符合相应的设计规范，搁支点和上端吊挂点都必须设在可靠的建筑结构上，不得设在脚手架等施工设备上；操作平台的临边应设置防护栏杆，在显著位置悬挂限载标志，不得超过设计允许荷载使用。

悬挑式钢平台应按相应规范通过计算进行结构设计，其构造应能有效防止其左右晃动。悬挑式钢平台的搁支点和拉结点必须设在主体结构上，严禁将其设在脚手架等施工设备上。悬挑式钢平台四角应采用甲类3号沸腾钢制作的4个吊环，以备吊运钢平台时使用。吊运钢平台时应使用卡环，严禁用吊钩直接钩挂吊环。安装钢平台时应采用专用挂钩将钢丝绳挂牢；不得已采用普通钢丝绳卡时，每条钢丝绳不得少于3个卡子；安装后钢平台外口应略高于内口；钢平台两侧必须装设固定的防护栏杆和安全网。钢平台使用前后应有专人进行检查。当发现钢丝绳有锈蚀、断丝或焊缝脱开等现象时，应及时修复或更换。

除了移动式和悬挑式操作平台外，建筑施工现场还有塔式可移动操作平台、多级缸液压升降操作平台、液压折叠式升降操作平台等，适用于大型建筑的大厅顶面、内外墙面的保洁，以及电器维修、设备安装等。

六、交叉作业

建筑施工现场上下有不同的层次，在空间贯通状态下同时进行的高处作业，称为交叉作业，如图4—6所示。

图4—6 交叉作业

在建筑施工现场，往往上层结构还未完工，下层就开始进行砌筑填充墙、设备安装、装饰装修、物料运送等作业，人员频繁走动，极易造成坠物伤人事故。因此，交叉作业应注意以下安全事项：

（1）进行支模、砌筑、粉刷等立体交叉施工时，任何时间、场所都不允许在同一垂直方向作业。当无法满足上述要求时，必须设置安全防护棚或张挂双层水平安全网。上下操作隔断的横向安全距离应大于相应高度的坠落半径。

（2）拆卸模板、脚手架、起重机械时，应在地面上设置警戒区，并设专人监护，警戒区内不得有其他人员进入和停留。

（3）临时堆放的拆卸器具、部件、物料等，离作业处边缘的距离不得小于1 m，堆放高度不得超过1 m。

(4) 结构施工自两层起有交叉施工的场合，应按规定设置安全平网；人员进出的通道口（包括施工升降机和物料提升机的进出料通道口）应设置安全通道；塔式起重机回转半径范围以内的加工作业区，应设置防护棚（隔离棚）。

(5) 防护棚（隔离棚）、安全通道的顶部，防穿透能力应不低于安全平网的防护能力；达到一定高度的交叉作业，防护棚（隔离棚）、安全通道的顶部应设置双层防护。

第五章

个人安全防护用品使用

为加强对建筑施工人员个人安全防护用品的使用管理,保障施工作业人员的安全与健康,根据《建筑施工人员个人劳动保护用品使用管理暂行规定》等有关规定,从事建筑施工活动的企业和个人,安全防护用品的采购、发放、使用、管理等必须遵守相应的规定。

个人安全防护用品,是指在建筑施工现场从事建筑施工活动的人员使用的安全帽、安全带以及安全(绝缘)鞋、防护眼镜、防护手套、防尘(毒)口罩等用品。

第一节 安全防护用品管理

一、安全防护用品的种类

根据《安全防护用品分类与代码》(LD/T 75—1995)的规定,我国实行以人体保护部位划分的分类标准,根据防护部位,劳动防护用品分为以下九类:

1. 头部防护用品

头部防护用品是为防御头部不受外来物体打击和其他不安全因素危害而采取的个人防护用品。根据防护功能,头部防护用品主要有普通工作帽、防尘帽、防水帽、防寒帽、安全帽、防静电帽、防高温帽、防电磁辐射帽、防昆虫帽九类。

2. 呼吸器官防护用品

呼吸器官防护用品是为防止有害气体、蒸汽、粉尘、烟雾经呼吸道吸入或直接向配用者供氧或清新空气，保证在尘、毒污染或缺氧环境中作业人员能够正常呼吸的防护用具。

呼吸器官防护用品按功能主要分为防尘口罩和防毒口罩（面具），按形式又可分为过滤式和隔离式两类。

3. 眼面部防护用品

预防烟雾、尘粒、金属火花和飞屑、热、电磁辐射、激光、化学飞溅等伤害眼睛或面部的个人防护用品，称为眼面部防护用品。

根据防护功能，眼面部防护用品大致可分为防尘、防水、防冲击、防高温、防电磁辐射、防射线、防化学飞溅、防风沙、防强光九类。

目前，我国较普遍生产和使用的有三种类型：

（1）焊接护目镜和面罩。预防非电离辐射、金属火花和烟尘等的危害。焊接护目镜分为普通眼镜、前挂镜、防侧光镜等；焊接面罩分为手持式面罩、头戴式面罩、安全帽面罩、安全帽前挂眼镜面罩等。

（2）炉窑护目镜和面罩。预防炉、窑口辐射出的红外线和少量可见光、紫外线对人眼的危害。炉窑护目镜和面罩分为护目镜、眼罩、防护面罩等。

（3）防冲击眼护具。预防铁屑、灰沙、碎石等外来物对人眼的冲击伤害。防冲击眼护具分为防护眼镜、眼罩、面罩等。防护眼镜又分为普通眼镜和带侧面护罩的眼镜。眼罩和面罩又分为敞开式和密闭式两种。

4. 听觉器官防护用品

听觉器官防护用品能够防止过量的声能侵入外耳道，避免人耳受到噪声的过度刺激，减小听力损伤，预防噪声对人身造成不良影响的个体防护用品。

听觉器官防护用品主要有耳塞、耳罩和防噪声头盔三大类。

5. 手部防护用品

手部防护用品具有保护手和手臂的功能，供作业人员劳动时佩戴的手套称为手部防护用品，通常被称为劳动防护手套。

安全防护用品分类与代码标准按照防护功能将手部防护用品分为12类，即普通防护手套、防水手套、防寒手套、防毒手套、防静电手套、防高温手套、防X射线手套、防酸碱手套、防油手套、防震手套、防切割手套和绝缘手套。

6. 足部防护用品

足部防护用品是防止生产过程中有害物质和能量损伤作业人员足部的护具，通常被称为劳动防护鞋。

根据防护功能，足部防护用品分为防尘鞋、防水鞋、防寒鞋、防冲击鞋、防静电鞋、防高温鞋、防酸碱鞋、防油鞋、防烫脚鞋、防滑鞋、防穿刺鞋、电绝缘鞋、防震鞋等。

7. 躯干防护用品

躯干防护用品就是我们通常讲的防护服。根据防护功能，防护服分为普通防护服、防水服、防寒服、防砸背服、防毒服、阻燃服、防静电服、防高温服、防电磁辐射服、耐酸碱服、防油服、水上救生衣、防昆虫服、防风沙服等。

8. 护肤用品

护肤用品用于防止皮肤（主要是面、手等外露部分）免受化学、物理等因素的危害。根据防护功能，护肤用品分为防毒、防射线、防油漆及其他四类。

9. 防坠落用品

防坠落用品是防止人体从高处坠落，通过绳带，将高处作业人员的身体系接于固定物体上或在作业场所的边沿下方张网，以防不慎坠落。这类用品主要有安全带和安全网两种。

二、安全防护用品的配置

建筑施工企业必须根据作业人员的施工环境、作业需要，按照规定配发安全防护用品，并监督其正确佩戴和使用。

（1）建筑施工现场作业人员必须戴安全帽、穿工作鞋和工作服，特殊情况下不戴安全帽时，长发者从事机械作业必须戴工作帽。

（2）雨期施工应提供雨衣、雨裤和雨鞋，冬季严寒地区应提供防寒工作服。

（3）处于无可靠安全防护设施的高处作业，必须系安全带。

（4）从事电钻、砂轮等手持电动工具作业，操作人员必须穿绝缘鞋、戴绝缘手套和防护眼镜。

（5）从事蛙式夯实机、振动冲击夯作业，操作人员必须穿具有电绝缘功能的保护足趾安全鞋和戴绝缘手套。

（6）从事可能飞溅渣屑的机械设备作业，操作人员必须戴防护眼镜。

（7）从事脚手架作业，操作人员必须穿轻便、紧口工作服和系带的高勒布面胶底防滑鞋，戴工作手套；从事高处作业，必须系安全带。

（8）从事电气作业，操作人员必须穿电绝缘鞋和轻便、紧口工作服。

（9）从事焊接作业，操作人员必须穿阻燃防护服和电绝缘鞋、戴绝缘手套、焊接防护面罩和防护眼镜，且符合下列要求：

1）从事高处作业，必须戴安全帽与面罩，系阻燃安全带。

2）从事清除焊渣作业，应戴防护眼镜。

3）在密闭的室内或容器内从事焊接作业，必须戴焊接专用防尘防毒面罩。

（10）从事塔式起重机及垂直运输机械作业，操作人员必须穿系带的高勒布面胶底防滑鞋和轻便、紧口工作服，戴工作手套;信号指挥人员应穿专用标志服装,在强光环境条件下作业,应戴有色防护眼镜。

三、安全防护用品管理制度

施工单位应建立包括购置、验收、登记、发放、保管、使用、报废和更换等内容在内的安全防护用品管理制度,安全防护用品必须专人管理、定期检查,并按照国家有关规定及时报废、更换。

1. 安全防护用品的购置

购置安全帽、安全带及其他安全防护用品,施工单位应当查验安全防护用品的生产许可证和产品合格证,必须符合《安全帽》(GB 2811—2007)、《安全带》(GB 6095—2009)及其他安全防护用品相关国家标准的要求。经查验,不符合国家或行业安全技术标准的产品,不得购置。

2. 安全防护用品的发放

安全防护用品的发放和管理,坚持"谁用工、谁负责"的原则。施工作业人员所在施工单位必须按国家规定免费发放安全防护用品,更换已损坏或已到使用期限的安全防护用品,不得收取或变相收取任何费用。安全防护用品必须以实物形式发放,不得以货币或其他物品替代。

3. 安全防护用品的检查

施工单位应对安全防护用品进行定期检查,发现不合格产品应及时更换。

第二节 常用的个人安全防护用品

建筑施工现场常用的个人安全防护用品主要包括安全帽、安全带、安全防护鞋、防护眼镜、防护手套、防尘口罩等。

一、安全帽

安全帽是指对人体头部受坠落物及其他特定因素引起的伤害起防护作用的帽子,由帽壳、帽衬、下颌带和附件组成。安全帽外表面由帽舌、帽檐和顶筋组成。帽衬是帽壳内部部件的总称,由帽箍、吸汗带、缓冲垫和衬带等组成。帽壳使用的材质主要有低压聚乙烯、ABS(工程塑料)、玻璃钢以及竹藤等。

安全帽如图5—1所示。

图5—1 安全帽

1. 使用范围

进入建筑施工现场的所有人员都必须佩戴安全帽。

2. 使用前的检查

安全帽在佩戴使用前,应对以下主要项目进行检查,发现不符合要求的,应立即更换:

(1) 是否有产品合格证。

(2) 帽壳是否有破损、下凹、裂痕和磨损等现象。

(3) 帽衬的帽箍、吸汗带、缓冲垫和衬带等部件是否齐全有效。

(4) 下颌带的系带、锁紧卡等部件是否齐全有效。

3. 使用注意事项

(1) 使用前应根据自己的头型将帽箍调至适当位置,以免过松或过紧。

(2) 将帽衬衬带位置调好并系牢。

(3) 安全帽的下颌带必须扣于颌下并系牢,松紧要适度,以防帽子滑落、碰掉。

(4) 帽壳设有通气孔的安全帽,使用时不能为了透气而随便开孔。

(5) 安全帽不得擅自改装。

(6) 不得在安全帽内再佩戴其他帽子。

(7) 安全帽不用时,不易长时间在阳光下暴晒,需置于干燥、通风的地方,并远离热源。

(8) 材质为低压聚乙烯、ABS(工程塑料)的安全帽不得用热水浸泡,不得放在暖气片、火炉上烘烤,以防帽体变形。

(9) 使用过程中要经常进行外观检查,如果发现帽壳与帽衬有异常损伤或裂痕,或帽衬与帽壳内顶之间的距离达不到标准要求的,不得继续使用。

4. 标志

安全帽的标志由永久标志和产品说明组成。

刻印、缝制、铆固标牌、模压或注塑在帽壳上的永久性标志,必须包括国家标准编号、制造厂名、生产日期(年、月)、产品名称(由生产厂家命名)、产品的特殊技术性能(如果有)等。

每顶安全帽均要附加一份含有下列内容的说明材料,可以采用印刷品、图册或耐磨不干胶贴等形式提供给最终使用者,必须包括:声明"为充分发挥保护力,佩戴安全帽时,必须按照要求调整帽箍并系紧下颌带";声明"安全帽在经受严重冲击后,即使没有明显损坏,也必须更换";声明"除非按制造商的建议进行,否则对安全帽配件进行的任何改造和更换都会给使用者带来危险";是否可以改装的声明;是否可以在外表面涂抹油漆、溶剂、不干胶贴的声明;制造企业名称、地址和联系方式;本产品为合格品的声明;适用和不适用场所;适用头围的大小;安全帽的报废判别条件和保持期限;调整、装配、使用、清洁、消毒、维护、保养和储存方面的说明及建议;使用附件和备件(如果有)的详细说明。

5. 检验规则

检验分为出厂检验、型式检验和进货检验三类。

(1) 出厂检验。生产企业应逐批进行出厂检验。检查批量以一次生产投料为一批次,最大批量应小于8万。各项检验样本大小、不合格分类、判定数组见相关规定。

(2) 型式检验。有下列情形之一时需进行型式检验:
1) 新产品鉴定。
2) 配方、工艺、结构设计发生变化时。
3) 停产一定周期后恢复生产时。
4) 周期检查,每年一次。
5) 出厂检验结果与上次型式检验结果有较大差异时。
6) 型式检验结果与上次型式检验结果有较大差异时。
7) 样本由提出检验的单位或委托第三方从逐批检查合格的产品中随机抽取,判别水平、不合格质量水平、判定数组见相关规定。

(3) 进货检验。进货单位按批量对冲击吸收性能、耐穿刺性能、垂直间距、佩戴高度、标志及标志中声明的符合国家标准规定的特殊技术性能或相关方约定的项目进行检测,无检验能力的单位应到有资质的第三方实验室进行检验。样本大小按规定执行,检验项目必须全部合格。

二、安全带

国家标准《安全带》(GB 6095—2009)规定,安全带是指防止高处作业人员发生坠落或发生坠落后将作业人员安全悬挂的个人防护装备。安全带按作业类别分为围杆作业安全带、区域限制安全带和坠落悬挂安全带三类。围杆作业安全带是通过围绕在固定构筑物上的绳索或将人体绑在固定构筑物附近，使作业人员的双手可以进行其他操作的安全带。区域限制安全带是用以限制作业人员的活动范围，避免其到达可能发生坠落区域的安全带。坠落悬挂安全带是指高处作业或登高人员发生坠落时，将作业人员安全悬挂的安全带。

安全带的标记由作业类别和产品性能两部分组成。

作业类别：以字母W代表围杆作业安全带，以字母Q代表区域限制安全带，以字母Z代表坠落悬挂安全带。

产品性能：以字母Y代表一般性能，以字母J代表抗静电性能，以字母R代表抗阻燃性能，以字母F代表抗腐蚀性能，以字母T代表适合特殊环境（各种性能可组合）。

图5—2 安全带

安全带如图5—2所示。

1. 使用范围

建筑施工处于高处作业状态，如脚手架、模板支架的搭设，大型设备及施工机械的安装等，且在下列情形下进行作业时，必须系好安全带：

(1) 高度超过2m的悬空作业。

(2) 倾斜的屋顶。

(3) 平屋顶，在离屋顶边缘或屋顶开口1.2m内未设置防护栏杆时。

(4) 任何悬吊的平台或工作台。

(5) 任何护栏、铺板不完整的脚手架上。

(6) 屋面或楼面开孔附近的梯子上。

(7) 在高处外墙安装门窗，无外脚手架和安全网时。
(8) 高处作业无可靠防坠落措施时。

2. 使用前的检查

安全带在使用前，应对以下主要项目进行检查，发现不符合要求的，不得使用，并立即更换：

(1) 安全带的部件是否完整，有无损伤。
(2) 金属配件的卡环是否有裂纹，卡簧的弹跳性能是否良好。
(3) 绳带有无破损。

3. 使用注意事项

(1) 佩戴安全带时要束紧腰带，腰扣组件必须系紧系正。
(2) 悬挂安全带应高挂低用，不得低挂高用。
(3) 不得将绳打结使用，也不得将挂钩直接挂在安全绳上使用。
(4) 安全带要拴挂在牢固的构件或物体上，以防摆动或碰撞。
(5) 高处作业如无固定拴挂处，应采用适当强度的钢丝绳，禁止将安全带挂在移动、带尖锐棱角或不牢固的物件上。
(6) 安全带严禁擅自接长使用，如使用 3 m 及以上的长绳时，必须加装缓冲器、自锁器或防坠器等。
(7) 安全带上的各种部件不得随意拆除，更换新绳时要注意加绳套。
(8) 安全带绳保护套要保持完好，以防绳被磨损，若发现保护套损坏或脱落，必须加装新套后再使用。
(9) 要注意维护和保管，不得接触高温、明火、强酸、强碱或尖锐物体，不得存放在潮湿的场所。
(10) 安全带在使用后，要经常检查安全带缝制和挂钩部分；同时，必须详细检查捻线是否发生断裂和残损等。
(11) 安全带在使用 2 年后应抽检一次，频繁使用应经常进行外观检查，发现异常必须立即更换。

4. 标志

安全带的标志由永久标志和产品说明组成。

(1) 永久标志。永久标志应缝制在主带上，内容应包括产品名称、国家标准编号、产品类别、制造厂名、生产日期（年、月）、伸展长度、产品的特殊技术性能（如果有）。可更换的零部件标志应符合相应标准的规定。

可更换的系带应有下列永久标志：产品名称及型号、相应的标准号、产品类别、制造厂名、生产日期（年、月）。

(2) 产品说明。每条安全带应配有一份说明书，随安全带交到佩戴者手中。其内容包括：安全带的适用和不适用对象；生产厂家的名称、地址和电话；整体报废和更换零部件的条件或要求；清洁、维护、储存的方法；佩戴方法；日常检查方法和部位；安全带与挂点装置的连接方法（包括图示）；扎紧扣的使用方法或带在扎紧扣上的缠绕方式（包括图示）；系带的扎紧程度；首次破坏负荷测试时间及以后的检查频次；声明"当主带或安全绳的破坏负荷低于 15 kN 时，该批次安全带报废或更换部件"；根据安全带的伸展长度、工作现场的安全空间、挂点位置判定该安全带是否可用的方法；本产品为合格品的声明。

5. 检验规则

(1) 出厂检验。生产企业应按照生产批次对安全带逐批进行出厂检验。各测试项目、测试样本大小、不合格分类、判定数组见相关规定。

(2) 型式检验。有下列情形之一时需进行型式检验：

1) 新产品鉴定或老产品转厂生产的定型鉴定。
2) 材料、工艺、结构设计发生变化时。
3) 停产一年后恢复生产时。
4) 周期检查，每年一次。
5) 出厂检验结果与上次型式检验结果有较大差异时。

6）国家有关主管部门提出型式检验要求时。

7）样本由提出检验建议的单位或委托第三方从企业出厂检验合格的产品中随机抽取，以样品数量满足全部测试项目要求为原则。

三、安全防护鞋

安全防护鞋是指具有保护特征的鞋子，用于保护穿着者免受意外事故引起的伤害，装有保护包头，能提供至少 200 J 能量测试时的抗冲击保护和至少 15 kN 压力测试时的耐压力保护。

安全防护鞋的分类、基本要求、成鞋的性能等应符合《个体防护装备　安全鞋》(GB 21148—2007) 的有关规定。

安全防护鞋鞋底一般采用聚氨酯材料一次注模成型，具有耐油、耐磨、耐酸碱、绝缘、防水、轻便等优点。安全防护鞋的选用应根据工作环境的危害性质和危害程度进行。安全防护鞋应有产品合格证和产品说明书。使用前应对照使用条件阅读说明书，使用方法要正确。建筑施工现场常用的安全防护鞋有绝缘鞋（靴）、防穿刺鞋、焊接防护鞋、耐酸碱橡胶靴和皮安全鞋等。

安全防护鞋如图 5—3 所示。

图 5—3　安全防护鞋

安全防护鞋的选择和使用应符合下列要求：

（1）除须根据作业条件选择适合的安全防护鞋外，还要挑选合适的鞋号。

(2) 各种不同性能的安全防护鞋均要达到各自防护性能的技术指标,如脚趾不被砸伤、脚底不被刺伤、绝缘导电等。

(3) 使用安全防护鞋前要进行检查或测试,在电气和酸碱作业中,破损和有裂纹的安全防护鞋都是有危险的。

(4) 使用后应认真检查并保持清洁,存放于无污染、干燥的地方。

四、防护眼镜

防护眼镜又称劳保眼镜,主要作用是保护眼睛和面部免受紫外线、红外线和微波等电磁辐射,以及粉尘、烟尘、金属或沙石碎屑、化学溶液溅射的损伤。建筑施工现场使用的防护眼镜主要有两种:一种是防固体碎屑的防护眼镜,用于防止金属或沙石碎屑等对眼睛造成的机械损伤;另一种是防辐射的防护眼镜,用于防止过强的紫外线等辐射线对眼睛造成的伤害。

防护眼镜如图 5—4 所示。

图 5—4 防护眼镜

使用防护眼镜时应注意以下事项:
(1) 选用具有合格证的产品。
(2) 防护眼镜的宽窄和大小要适合使用者的脸型。
(3) 镜片磨损粗糙、镜架损坏均会影响操作人员的视力,应及时调换。

(4) 防护眼镜要专人使用,防止交叉传染眼病。

(5) 焊接防护眼镜的滤光片和保护片要按作业需要选用和更换。

(6) 防止重摔重压,防止坚硬物体磨损镜片。

五、防护手套

1. 防护手套的种类

建筑施工现场常用的防护手套有下列几种:

(1) 劳动保护手套。一般作业人员经常使用的手套,主要是为了防止手臂碰伤、划伤,起到防滑、保温的作用,如图5—5所示。

(2) 绝缘手套。建筑电工带电作业时使用的手套,如图5—6所示。

(3) 耐酸、耐碱手套。接触酸、碱作业时使用的手套。

(4) 焊工手套。焊工作业时使用的手套,如图5—7所示。

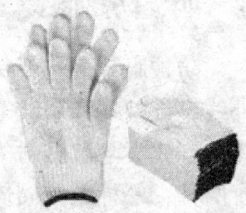

图5—5 劳动保护手套

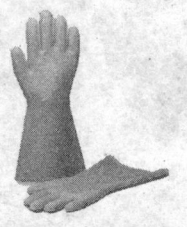

图5—6 绝缘手套

图5—7 焊工手套

2. 防护手套的选用和使用

(1) 防护手套的品种很多,首先应明确防护对象,然后根据防护功能来选用,不要误用。

(2) 使用耐酸、耐碱手套前应仔细检查表面有无破损,采取的简易办法是向手套内吹口气,用手捏紧套口,观察是否漏气,如漏气则不能使用。

(3) 要根据电压等级选用绝缘手套,使用前应检查表面有无裂痕、发黏、发脆等现象,如有异常则禁止使用。

(4) 焊工手套应有足够的长度,使用前应检查皮革或帆布表面有无僵硬、磨损、洞眼等残缺现象。

(5) 橡胶、塑料等防护手套使用后应冲洗干净、晾干,并撒上滑石粉以防粘连,保存时避免高温。

六、防尘口罩

防尘口罩是防止或减少空气中的粉尘进入人体呼吸器官,从而保护作业人员身体健康和生命安全的个体保护用品。目前使用的防尘口罩大多由内外两层无纺布、中间一层过滤布(熔喷布)组合而成。

1. 防尘口罩的适用范围

(1) 钢筋除锈作业。

(2) 淋灰、筛灰作业。

(3) 搅拌混凝土作业。

(4) 石材加工作业。

(5) 木材加工机械作业。

(6) 在密闭的室内或容器内进行焊接作业。

2. 防尘口罩的选用

(1) 有效性。能有效阻止粉尘进入呼吸道。

(2) 适合性。要与脸型相适应,最大限度地保证空气不会从口罩和面部的缝隙处不经过口罩的过滤就进入呼吸道。

(3) 舒适性。既能有效阻止粉尘,又能保证呼吸顺畅、保养方便。

3. 防尘口罩的使用

使用防尘口罩时应注意以下几点:

(1) 仔细阅读使用说明,了解适用性和防护功能,使用前应检查是否完好。

(2) 进入危害环境前,应正确佩戴防尘口罩;进入危害环境后,应始终坚持佩戴。

(3) 部件出现破损、断裂和丢失现象,以及明显感觉呼吸阻力增加时,应废弃整个口罩。

(4) 发现口罩有失效迹象时,按照使用说明及时更换。

(5) 防止挤压变形、污染进水。

(6) 使用后要仔细保养,防尘过滤布不得水洗。

第六章

安全标志、安全色

第一节　安全标志

一、安全标志的定义

根据《安全标志及其使用导则》(GB 2894—2008)的规定，安全标志是用以表达安全信息的标志，由图形符号、安全色、几何图形（边框）或文字构成。安全标志包括提醒人们注意的各种标牌、文字、符号以及灯光等，以此表达特定的安全信息。其目的是引起人们对不安全因素的注意，防止发生事故。安全标志主要包括安全色和安全标志牌等。

二、安全标志的使用范围

设置在厂矿企业、建筑工地、厂内运输和其他有必要提醒人们注意安全、容易发生安全事故或危险性较大的场所，以提高人们的防范意识，减少或避免事故发生。

三、安全标志的分类

安全标志分为禁止标志、警告标志、指令标志和提示标志四大类。

1. 禁止标志

禁止标志是禁止人们不安全行为的图形标志。几何图形为白底黑色图案加带斜杠的红色圆环，并在正下方用文字补充说明禁止的行为模式。建筑施工现场常见的禁止标志有禁止吸烟、禁止通行等。

2. 警告标志

警告标志是提醒人们对周围环境引起注意，以避免可能发生危险的图形标志。几何图形为黄底黑色图案加三角形黑边，并在正下方用文字补充说明当心的行为模式。建筑施工现场常见的警告标志有当心火灾、注意安全等。

3. 指令标志

指令标志是强制人们必须做出某种动作或采取防范措施的图形标志。图形为蓝底白线条的圆形图案，并用文字补充说明。建筑施工现场常见的指令标志有必须系安全带、必须戴安全帽等。

4. 提示标志

提示标志是向人们提供某种信息（如标明设施或场所等）的图形标志。图形为长方形、绿底（防火为红底）白线条图案，并用文字补充说明。建筑施工现场常见的提示标志有紧急出口、避险处等。

第二节 安 全 色

一、安全色

根据《安全色》（GB 2893—2008）的规定，安全色是传递安全信息含义的颜色，包括红、黄、蓝、绿四种颜色，分别表示禁止、警告、指令和提示。

1. 红色

红色表示禁止、停止、危险以及消防设备的意思。凡是禁止、停止、消防设备和有危险的器件或环境均应涂以红色标记，作为警示信号。

呈现红色的标志包括各种禁止标志；交通禁止标志；消防设备标志；机械的停止按钮、刹车及停车装置的操纵手柄；机器转动部件的裸露部分，如飞轮、齿轮、皮带轮等轮辐部分；指示器上各种表头的极限位置的刻度；各种危险信号旗等。

2. 黄色

黄色表示提醒人们注意。凡是警告人们注意的器件、设备及环境都应以黄色表示。

呈现黄色的标志包括各种指令标志，如交通指示车辆和行人行驶方向的各种标线等标志。

3. 蓝色

蓝色表示要求人们必须遵守的规定。

呈现蓝色的标志包括各种警告标志；道路交通标志和标线；警戒标记，如危险机器和坑池周围的警戒线等；各种飞轮、皮带轮及防护罩的内壁；警告信号旗等。

4. 绿色

绿色表示给人们提供允许、安全的信息。

呈现绿色的标志包括各种提示标志，安全通道、行人和车辆通行标志、急救站和救护站等，消防疏散通道和其他安全防护设备标志，机器启动按钮及安全信号旗等。

二、对比色

对比色是使安全色更加醒目的反衬色，包括黑、白两种颜色。安全色与对比色同时使用时，应按表6—1的规定搭配使用。

1. 黑色

黑色用于安全标志、图形符号和警告标志的几何边框。

2. 白色

白色作为安全标志红、蓝、绿的背景色，也可用于安全标志的文字和图形符号。

表 6—1　　　　　　　　安全色与对比色

安全色	对比色
红色	白色
黄色	黑色
蓝色	白色
绿色	白色

3. 安全色与对比色的相间条纹

红色与白色相间条纹，表示禁止人们进入危险的环境。公路交通等方面表示禁止跨越防护栏杆及隔离墩。

黄色与黑色相间条纹，表示提示人们特别注意的意思。常用于各种机械在工作或移动时容易发生碰撞的部位，如移动式起重机的外伸腿、起重机的吊钩滑轮侧板、起重臂的顶端、四轮配重、平顶拖车的排障器及侧面栏杆、门式起重机和门架下端、剪板机的压紧装置等。

蓝色与白色相间条纹，表示人们必须遵守规定的意思。

绿色与白色相间条纹，与提示标志牌同时使用，更为醒目地提示人们。

第三节　施工现场安全标志设置

施工单位应根据工程项目的规模、施工现场的环境、工程结构形式以及设备、机具的位置等情况，确定危险部位，有针对性地设置安全标志。施工现场应绘制安全标志布置总平面图，根据不同施工阶段的施工特点，有针对性地进行设置、悬挂和增减。

一、安全标志设置方式

1. 高度

安全标志牌的设置高度应与人的视线高度一致。禁止烟火、当心坠物等环境标志牌的下边缘距离地面高度不能小于 2 m；禁止乘人、当心伤手、禁止合闸等局部信息标志牌的设置高度应视具体情况而定。

2. 角度

标志牌的平面与视线夹角应接近 90°，观察者位于最大观察距离时，最小夹角应不小于 75°。

3. 位置

标志牌应设置在有关场所的醒目和明亮处，使人们看见后，有足够的时间来注意它所表示的内容。环境信息标志牌宜设置在有关场所的入口和醒目处；局部信息标志牌应设置在所涉及的相应危险地点或设备（部件）附近的醒目处。标志牌一般不宜设置在移动的物体上，以免这些物体位置移动后，看不见安全标志。标志牌前不得放置妨碍认读的障碍物。

4. 顺序

同一位置必须同时设置不同类型的多个标志牌时，应按照警告、禁止、指令、提示的顺序，先左后右、先上后下地排列设置。

5. 固定

建筑施工现场设置的安全标志牌的固定方式分为附着式和悬挂式两种，在其他场所也可采取柱式。附着式和悬挂式的固定应稳固而不倾斜，柱式标志牌和支架应牢固地连接在一起。

二、安全标志

根据国家有关规定，施工现场入口处、施工起重机械、临时用电设施、脚手架、出入通道口、楼梯口、电梯井口、孔洞口、桥梁口、隧道口、基坑边缘、爆破物及有害危险气体和液体存放处等都属于危险部位，应当设置明显的安全标志。

安全标志的类型、数量应根据危险部位的性质不同，设置不同的安全警示标志。例如，在爆破物及有害危险气体和液体存放处设置禁止烟火、禁止吸烟等禁止标志；在施工机具旁设置当心触电、当心伤手等警告标志；在施工现场入口处设置必须戴安全帽等指令标志；在通道口处设置安全通道等指示标志；在施工现场的沟、坎、深基坑等处，夜间要张挂红色警示灯。

三、施工现场常用的安全标志

1. 禁止标志

禁止标志如图6—1所示。

图6—1 禁止标志

禁止标志包括：禁止吸烟、禁止烟火、禁止用水灭火、禁止放置易燃物、禁止启动、禁止合闸、禁止触摸、禁止跨越、禁止攀登、禁止跳下、禁止入内、禁止停留、禁止通行、禁止靠近、禁止乘人、禁止堆放、禁止抛物、禁止戴手套、禁止穿带钉鞋等。

2. 警告标志

警告标志如图6—2所示。

警告标志包括：注意安全、当心火灾、当心爆炸、当心中毒、当心触电、当心电缆、当心机械伤人、当心伤手、当心扎脚、当心吊物、当心坠落、当心落物、当心坑洞、当心烫伤、当心弧光、当心塌方、当心车辆、当心滑倒、当心障碍物等。

图 6—2 警告标志

3. 指令标志

指令标志包括：必须戴防护眼镜、必须戴防毒面具、必须戴防尘口罩、必须戴护耳器、必须戴安全帽、必须戴防护手套、必须穿防护鞋、必须系安全带、必须穿防护服、必须加锁等。

4. 提示标志

提示标志包括：紧急出口、可动火区、避险处等。

第七章

施工现场消防知识

第一节 消防知识概述

我国消防工作的方针是"以防为主,防消结合"。在消防工作中要把预防火灾放在首位,同时要做好灭火准备工作,一旦发生火灾,能够迅速、及时、有效地将火扑灭。

一、起火条件

在一定温度下,与空气(氧气)或其他氧化物进行剧烈化学反应而发生的热效发光现象的过程称为燃烧,俗称起火。任何燃烧的发生必须具备以下三个条件:

(1) 存在能燃烧的物质。即能与空气中的氧或其他氧化物进行剧烈化学反应的物质,如木材、油漆、纸张、天然气、汽油、酒精等。

(2) 有助燃物。即能帮助和支持燃烧的物质都叫做助燃物,如空气、氧气等。

(3) 有能使可燃物燃烧的火源,如火焰、火星、电火花等。

当上述三个条件同时具备且相互作用时,由其自身进行的生物、物理或化学作用而产生热,在达到一定温度时将发生自燃现象。在一般情况下,能自燃的物质有植物产品、油脂、煤及硫化物。

二、燃爆的危险性特征

1. 固体的燃爆危险性特征

(1) 燃点。燃点是指可燃物质加温受热并点燃后所释放出的燃烧热,能使该物质挥发出足够的可燃蒸气,以维持其燃烧。该物质形成连续燃烧所需的最低温度,即为该物质的燃点。物质的燃点越低,则物质越容易燃烧。

(2) 自燃点。自燃点是指可燃物质受热发生自燃的最低温度。在这一温度下,可燃物质与空气(氧气)接触不需要明火的作用就能自行发生燃烧。物质的自燃点越低,发生起火的危险性就越大。

2. 液体的燃爆危险性特征

闪点是指易燃液体与可燃液体遇火源能发生闪燃的最低温度。

3. 自燃

自燃是指可燃物质在没有外来热源作用的情况下,由其自身进行的生物、物理或化学作用而产生热,在达到一定温度和氧量时,就发生自动燃烧。

三、动火区域

根据工程选址位置、周围环境、平面布置、施工工艺和施工部位的不同,建筑施工现场动火区域一般可分为三个等级。

(1) 一级动火区域,也称禁火区域。在建筑施工现场凡有下列情形之一的,均属于一级动火区域:

1) 在生产或储存易燃易爆物品场区内进行施工作业。

2) 周围存在生产或储存易燃易爆物品的场所,在防火安全距离范围内进行施工作业。

3) 施工现场内储存易燃易爆物品的仓库、库区。

4) 施工现场木工作业区,木器原料、成品堆放区。

5) 在密闭的室内、容器内、地下室等场所，进行配制或者调和易燃易爆液体和涂刷油漆等作业。

（2）在建筑施工现场凡有下列情形之一的，均属于二级动火区域：

1) 禁火区域周围动火作业区。
2) 登高焊接或金属切割作业区。
3) 木结构或砖木临时结构职工食堂的炉灶处。

（3）在建筑施工现场凡有下列情形之一的，均属于三级动火区域：

1) 无易燃易爆物品的动火区域。
2) 施工现场燃煤茶炉处。
3) 冬季燃煤取暖的办公室、宿舍等生活设施。

在一、二级动火区域施工，必须认真遵守消防法规，严格按照有关规定建立健全防火安全制度。动火作业前必须按照规定程序办理动火审批手续，取得动火证；动火证必须注明动火地点、动火时间、动火人、现场监护人、批准人和防火措施。未经审批，一律不得实施明火作业。

四、火灾等级

按照事故伤亡和经济损失程度，火灾分为特别重大火灾、重大火灾、较大火灾和一般火灾四个等级，其等级标准分别为：

（1）特别重大火灾。造成30人以上死亡，或者100人以上重伤，或者1亿元以上直接财产损失的火灾。

（2）重大火灾。造成10人以上30人以下死亡，或者50人以上100人以下重伤，或者5 000万元以上1亿元以下直接财产损失的火灾。

（3）较大火灾。造成3人以上10人以下死亡，或者10人以上50人以下重伤，或者1 000万元以上5 000万元以下直接财产损失的火灾。

(4) 一般火灾。造成 3 人以下死亡，或者 10 人以下重伤，或者 1 000 万元以下直接财产损失的火灾。

五、火灾险情处置

在建筑施工现场发生火灾时，一方面应迅速报警，另一方面应组织人力积极扑救。

1. 火灾处置的基本原则

(1) 先控制，后消灭。

(2) 救人重于救火。

(3) 先重点，后一般。

(4) 正确使用灭火器材。

2. 火灾处置的基本要点

(1) 立即报告。不论在任何时间、地点，一旦起火要立即报告工程项目消防安全领导小组。

(2) 集中力量。主要利用灭火器材，集中灭火力量在火势蔓延的主要方向进行扑救，以控制火势。

(3) 消灭飞火。组织人力监视火场周围的建筑物、物料堆放等场所，及时扑灭未燃尽的飞火。

(4) 疏散物料。安排人力和设备，将受到火势威胁的物料转移到安全场所，阻止火势蔓延。

(5) 积极抢救被困人员。人员集中的场所发生火灾，请熟悉情况的人做向导，积极寻找和抢救被困人员。

3. 火灾救助

发生火灾时应立即报警，火警电话为"119"。拨通火警电话后，要讲清楚起火单位和详细地址，讲清楚起火部位、燃烧物质、火灾程度及着火的周围环境等情况，以便消防部门根据情况派出相应的灭火力量。

报警后，起火单位要尽量迅速地清理通往火场的道路，以便消防车辆能顺利迅速地进入救火现场。同时，应派人在起火地点附近路口或单位门口迎候消防车辆,使之能迅速准确地到达火场,投入灭火战斗。

第二节　施工现场消防器材配置和使用

一、消防器材的分类

常用的灭火剂有水、泡沫、二氧化碳、四氯化碳、卤代烷、干粉、惰性气体等。

灭火剂是通过灭火设备、器材来施放和喷射的。为了有效地扑灭火灾,应根据燃烧物质的性质和火势发展情况,选用适合且足量的灭火剂。

1. 泡沫灭火剂

泡沫是一种体积较小、表面被液体围成的气泡群,是扑救易燃、可燃液体火灾的有效灭火剂,分为化学泡沫和空气泡沫两种类型。

化学泡沫是将两种化学泡沫粉的水溶液混合在一起,经化学反应生成的。

空气泡沫是泡沫生成剂和水按一定比例混合,经机械作用,吸入大量空气而生成的,因此也称为机械泡沫。

2. 二氧化碳灭火剂

二氧化碳灭火剂在消防工作中有着较为广泛的应用。

二氧化碳气体不燃烧,也不助燃,所以在燃烧区内能够释放空气,减少空气中的含氧量,从而降低燃烧强度,直至使燃烧熄灭。

灭火用的二氧化碳灭火剂是以液态灌装于钢瓶内的。当二氧化碳从钢瓶内释放出时,迅速汽化蒸发,体积扩大 $400\sim500$ 倍,同时温度急剧降到 $-78℃$ 左右,不但能够灭火,还具有一定的冷却作用。

由于二氧化碳灭火剂具有不导电、不含水分、不污损仪器设备等优点,因此适用于扑救电气设备、精密仪器、图书馆等火灾。但由于二氧化碳与一些金属化合时,金属能夺取二氧化碳中的氧而继续燃烧,故二氧化碳灭火剂不能扑救金属钾、钠、镁和铝等物质火灾。此外,二氧化碳也不易扑救某些能在惰性介质中燃烧的物质(如硝酸纤维)火灾和物质内部的阴燃。

3. 1211灭火剂

使用1211灭火剂的灭火器比较轻便,保养简单。平时只要放在阴凉、干燥、无腐蚀性气体存在的场所,就能够长期有效。

与二氧化碳灭火剂类似,1211灭火剂不能用来扑救本身就可供氧的化学物质(如硝酸纤维)、金属钾、钠以及金属氰化物火灾。

4. 干粉

干粉的种类很多,按照使用范围可分为以下几种:

(1) BC类干粉,是以碳酸氢钠、碳酸氢钾、氯化钾等为主要成分的化学干粉,适用于扑救易燃气体、液体和电气设备火灾。

(2) ABCD类干粉,是以硫酸铵、硫酸氢钾、磷酸二氢铵等为主要成分的化学干粉,适用于扑救多种火灾。

(3) D类干粉,是以氯化钠、碳酸钠、硼砂等为主要成分的化学干粉,适用于扑救金属火灾。

化学干粉储存在灭火器筒身内,灭火时由惰性气体加压,使化学干粉喷出,形成浓雾般的粉雾,覆盖燃烧面,中断燃烧的连锁反应,达到灭火的目的。

化学干粉灭火剂应存放在通风、干燥的地方,温度应保持在50℃以下。

此外,水是不燃液体,它是最常用、来源最丰富、使用最方便的灭火剂,在扑救火灾时应用得最为广泛。但由于水属于导电物质，因此不能用于扑救带电设备火灾。

二、消防器具的使用

建筑施工现场常用的消防器具有消防水池、消防沙、消防桶、消防锨、消防钩以及灭火器等。

(1) 消防水池。消防水池与建筑物之间的距离一般不得小于 10 m，在水池周边留有消防车道。在冬季或者寒冷地区，消防水池应有可靠的防结冰措施。

(2) 几种常见灭火器的性能、用途和使用方法

1) 二氧化碳灭火器。使用液态二氧化碳灭火剂，可用于扑救精密仪器、油类和酸类火灾；不能扑救钾、钠、镁、铝等物质火灾；射程约 3 m，使用时一手拿喇叭筒对准火源，另一手打开开关。

2) 四氯化碳灭火器。使用四氯化碳液体，可用于扑救电气设备火灾，不能扑救钾、钠、镁、铝、乙炔、二硫化碳等物质火灾；射程约 7 m，使用时打开开关，液体即可喷出。

3) 干粉灭火器。使用钾盐或钠盐干粉灭火剂，盛装在有压缩气体的小钢瓶内，可用于扑救电气设备火灾及石油产品、油漆、有机溶剂、天然气等火灾，不宜扑救电机火灾；射程约 4.5 m，使用时提起圈环，干粉即可喷出。

4) 1211 灭火器。使用二氟一氯一溴甲烷灭火剂，并充填压缩氮；可用于扑救电气设备、油类、化工化纤原料初起火灾；射程约 2.5 m，使用时拔下铅封或横销，用力压下压把即可。

三、施工现场灭火器的配备

(1) 总平面超过 1 200 m² 的大型临时设施，应当按照消防要求配备灭火器，并根据防火对象和部位，设立一定数量、容积的消防水池，配备不少于 4 套的取水桶、消防锨、消防钩。同时要备有一定数量的黄沙池等器材、设施，并留有消防车道。

(2) 一般临时设施区域，配电室、动火处、食堂、宿舍等重点防火部位，每 100 m² 应配备两个 10 L 灭火器。

(3) 临时木工间、油漆间、机具间等，每 25 m² 应配备一个合适种类的灭火器；仓库或堆料场内，应根据灭火对象的特性，分组布置酸碱、泡沫、清水、二氧化碳等灭火器，每组灭火器不应少于 4 个，每组灭火器之间的距离不应大于 30 m。

(4) 灭火器不得设置在环境温度超出其使用温度范围的地点，灭火器的使用温度范围见表 7—1。

表 7—1　　　　灭火器的使用温度范围

灭火器类型	使用温度范围（℃）	灭火器类型		使用温度范围（℃）
清水灭火器	4～55	干粉灭火器	储气瓶式	－10～55
酸碱灭火器	4～55		储压式	－20～55
化学泡沫灭火器	4～55	卤代烷灭火器		－20～55
二氧化碳灭火器	－10～55			

四、消防设施的布局

(1) 工程内消防给水的设置原则。根据火灾资料的统计及公安部关于建筑工地防火基本措施的规定，下列工程内应设置临时消防给水。

1) 高度超过 24 m 的工程。

2) 层数超过 10 层的工程。

3) 重要及施工面积较大（超过施工现场临时消火栓保护范围）的工程。工程内的消防给水可与施工用水合用。

(2) 工程内消防给水管网。工程内临时竖管不应少于 2 根，宜布置成环状，每根竖管的直径应根据要求的水柱股数，按最上层消火栓出水计算，但不应小于 100 mm。高度小于 50 m 且每层面积不超过 500 m² 的普通塔式住宅及公共建筑，可设一根临时竖管。

(3) 工程内临时消火栓及其布置。工程内临时消火栓应分设于各层明显且便于使用的地点,以保证消火栓的充实水柱能到达工程内任何部位。栓口出水方向宜与墙壁成 90°角,离地 1.2 m。

消火栓口径应为 65 mm,所配备的水带每节长度不宜超过 20 m,水枪喷嘴口径不应小于 19 mm。每个消火栓处宜设启动消防水泵的按钮。

(4) 室外消火栓应沿消防车道或堆料场内交通道路的边缘设置,消火栓之间的距离不应大于 50 m。

(5) 采用低压给水系统,管道内的压力在消防用水量达到最大值时不应低于 0.1 MPa;采用高压给水系统,管道内的压力应保证两支水枪同时布置在堆场内最远和最高处的要求,水枪充实水柱不应小于 13 m,每支水枪的流量不应小于 5 L/s。

第二节 施工现场消防措施

一、消防组织管理措施

1. 建立消防组织体系

建筑施工现场应当成立以项目负责人为组长、各部门人员参加的消防安全领导小组,建立健全消防制度,组织开展消防安全检查,一旦发生火灾事故,负责指挥、协调、调度扑救工作。

2. 成立义务消防队

义务消防队由消防安全领导小组组建,发生火灾时,按照领导小组的指挥,积极参加扑救工作。

3. 编制消防预案

工程项目部应当根据工程实际情况,编制火灾事故应急救援预案,有效组织开展消防演练。

4. 组织消防检查

安全部门负责日常监督检查工作,在安全巡视的同时进行消防检查，推动消防安全制度的贯彻落实。

5. 消防安全教育

施工现场项目部在进行安全教育的同时，开展形式多样的宣传教育，普及消防知识，增强作业人员防火意识。

6. 建立动火审批制度

施工作业用火时，应经施工现场防火负责人审查批准，领取动火证后方可在指定的地点、时间内作业。

二、平面布置消防要求

1. 防火间距要求

施工现场的平面布局应以施工工程为中心，明确划分出用火作业区、禁火作业区（易燃、可燃材料的堆放场地）、仓库区、生活区和办公区等区域；应设立明显的标志，将火灾危险性大的区域布置在施工现场常年主导风向的下风侧或侧风向，各区域之间的防火间距应符合消防技术规范和有关地方法规的规定。

（1）禁火作业区距离生活区不应小于 15 m，距离其他区域不应小于 25 m。

（2）易燃、可燃材料的堆放场及仓库距离修建的建筑物和其他区域不应小于 20 m。

（3）易燃废品的集中场地距离修建的建筑物和其他区域不应小于 30 m。

（4）防火间距内不应堆放易燃、可燃材料。

（5）临时设施最小防火间距应符合《建筑设计防火规范》和国务院发布的《关于工棚临时宿舍和卫生设施的暂行规定》。

2. 现场道路及消防要求

（1）施工现场道路，夜间要有足够的照明设备。

（2）施工现场必须设立消防通道，其宽度不应小于 3.5 m，禁止占用场内通道堆放材料，在工程施工的任何阶段都必须畅通无阻。施工现场的消防水源处，还要筑有消防车辆能够驶入的道路,如果不能修建通道,应在水源(池)一边铺设停车空地。

(3) 临时建筑、仓库以及正在修建的建(构)筑物的道路旁,都应该配置适当种类和一定数量的灭火器,并布置在明显和便于取用的地点。冬季施工还应对消防水池、消火栓和灭火器等做好防冻工作。

3. 临时设施要求

作业棚和临时生活设施的规划和搭建,必须符合下列要求:

(1) 临时生活设施应尽可能搭建在距离正在修建的建(构)筑物 20 m 以外的地方,禁止搭设在高压架空电线的下面,距离高压架空电线的水平距离不应小于 6 m。

(2) 临时宿舍与厨房、锅炉房、变电所和汽车库之间的防火距离不应小于 15 m。

(3) 临时宿舍等生活设施与铁路中心线以及少量易燃品储藏室的距离不应小于 30 m。

(4) 临时宿舍与火灾危险性大的生产场所之间的距离不应小于 30 m。

(5) 为储存大量的易燃易爆物品、油料、炸药等而修建的临时仓库,与永久工程或临时宿舍之间的防火距离应根据所储存的数量,按照有关规定来确定。

(6) 在独立的场地上修建成批的临时宿舍时,应当分组布置,每组最多不超过两幢,组与组之间的防火距离,在城市市区不应小于 20 m,在农村不应小于 10 m。作为临时宿舍的简易楼房的层高应控制在两层以内,且每层应设置两个安全通道。

(7) 生产工棚包括仓库,不论有无用火作业或取暖设备,室内最低高度一般不应小于 2.8 m,其门宽应大于 1.2 m,并且要双扇向外。

4. 消防用水要求

施工现场要设有足够的消防水源(给水管道或蓄水池),对有消防给水管道设计的工程,应在施工时先敷设好室外消防给水管道与消火栓。

施工现场应设消防水源管网，配备消火栓。进水干管直径不应小于 100 mm。较大工程要分区设置消火栓；施工现场消火栓处，日夜设立明显标志，配备足够水带，周围 3 m 内，不准存放任何物品。消防泵房应用非燃材料建造，设在安全位置，消防泵专用配电线路应引自施工现场总断路器的上端，要保证连续、不间断地供电。

三、焊接作业防火安全要求

1. 金属焊割作业注意事项

(1) 乙炔瓶应安装回火防止器，以防氧气倒回发生事故。

(2) 乙炔瓶应放置在距离明火 10 m 以外的地方，严禁卧放。

(3) 使用时乙炔瓶和氧气瓶的距离不得小于 5 m，不得放置在高压线下面或在阳光下暴晒。

(4) 每天操作前都必须对乙炔瓶和氧气瓶进行认真的检查。

(5) 电焊机应有良好的隔离防护装置，电焊机的绝缘电阻不得小于 1 MΩ。

(6) 金属焊割作业前要明确作业任务，认真了解作业环境，划定动火危险区域，并设立明显标志，危险区域内的一切易燃易爆物品必须移走。

(7) 刮风天气要注意风力的大小和风向变化，防止火星吹到附近的易燃物上，必要时派人监护。

(8) 进行高层金属焊割作业时，要根据作业高度、风向、风力划定火灾危险区域，大雾天气和 6 级以上风力应当停止作业。

2. 电焊设备的防火、防爆要求

(1) 每台电焊机均需设置专用断路开关，并有与电焊机相匹配的过流保护装置，装在防火、防雨的间箱内。施工现场使用的电焊机应配有防雨、防潮、防晒机棚，并装设相应的消防器材。

(2) 每台电焊机应设独立的接地、接零线,其接点用螺钉压紧。电焊机的接线柱、接线孔等应装在绝缘板上,并有防护罩保护。电焊机应放置在避雨、干燥的地方,不准与易燃易爆物品或容器混放在一起。

(3) 电焊机和电源要符合用电安全负荷。3台以上的电焊机要固定地点,集中管理,统一编号。室内焊接时,电焊机的位置、线路敷设和操作地点的选择应符合防火安全要求,作业前必须进行检查。

(4) 电焊钳应具有良好的绝缘和隔热能力。电焊钳握柄必须绝缘良好,握柄与导线连接牢靠、接触良好。

(5) 电焊机导线应具有良好的绝缘性能,绝缘电阻不得小于1 MΩ,应使用防水型橡胶皮护套多股铜芯软电缆,不得将电焊机导线置于高温物体附近。

(6) 电焊机导线和接地线不得搭设在氧气瓶、乙炔瓶、乙炔发生器、煤气罐、液化气罐等易燃易爆设备和带有热源的物品上,专用接地线直接接在焊件上,不准接在管道、机械设备、建筑物金属架或轨道上。

(7) 电焊导线长度不宜超过30 m,当需要加长时,应相应增加导线横截面积;电焊导线中间不应有接头,如果必须设有接头,其接头处要距离易燃易爆物品10 m以上,防止因接触打火而造成起火事故。

(8) 电焊机的二次线应用线鼻子压接牢固,并加装防护罩,防止松动、短路放弧。禁止使用无防护罩的电焊机。

(9) 施焊现场10 m范围内,不得堆放油料、木材、氧气瓶、乙炔瓶等易燃易爆物品。

(10) 当长期停用的电焊设备恢复使用时,其绝缘电阻应符合标准,接线部分不得有腐蚀和受潮现象。

3. 气焊设备的防火、防爆要求

(1) 氧气瓶与乙炔瓶

1) 氧气瓶与乙炔瓶是气焊工艺主要使用的设备，属于易燃易爆压力容器。乙炔瓶必须配备专用的乙炔减压器和回火防止器，回火防止器可以防止气体倒回而发生事故。氧气瓶要安装高、低气压表，不得接近热源，瓶阀及其附件不得沾油。

2) 氧气瓶、乙炔瓶与气焊操作地点（含一切明火）的距离不应小于 10 m，焊割作业时，两者的距离不应小于 5 m，存放时的距离不应小于 2 m。

3) 氧气瓶、乙炔瓶应立放固定，严禁卧放，夏季不得在阳光下暴晒，不得放置在高压线的下面，禁止在氧气瓶、乙炔瓶的垂直上方进行焊接。

4) 气焊工在操作前，必须对气焊设备进行检查，禁止使用保险装置失灵或导管有缺陷的设备。同时做好维护和保养工作，防止漏气，严禁气路沾油。

5) 冬季施工完毕后，要及时将氧气瓶和乙炔瓶妥善存放，并采取一定的防冻措施，以免冻结。如果冻结，严禁敲击和用明火烘烤，要用热水或蒸汽加以解冻，不准用热水或蒸汽加热瓶体。

6) 检查是否漏气，要用肥皂水，禁止用明火试漏。作业时，要根据金属材料的性质、形状来确定焊炬与金属的距离，不要距离太近，以防喷嘴过热而引起自燃。点火前要检查焊炬是否正常，其方法是检查焊炬的吸力，若送入氧气而乙炔管毫无吸力，则说明焊炬不能使用，必须及时修复。

7) 瓶内气体不得用尽，必须留有 0.1~0.2 MPa 的余压。

8) 储运时，瓶阀应戴安全帽，瓶体要有防震圈，应轻装轻卸，搬运时严禁滚动、撞击等。

(2) 液化石油气瓶

1) 运输和储存时，环境温度不得高于 60℃；严禁阳光暴晒或靠近高温热源；与明火的距离不应小于 10 m。

2) 气瓶正立使用，严禁卧放、倒置。必须安装专用减压器，使用耐油性强的橡胶管和衬垫；使用环境温度以 20℃为宜。

3）冬季严禁火烤和沸水加热气瓶，只可用 40℃以下的温水加热。

4）禁止自行倾倒残液，以防发生火灾和爆炸。

5）瓶内气体不得用尽，必须留有 0.1 MPa 以上的余压。

6）禁止剧烈震动和撞击。

7）严格控制充装量，不得充满液体。

四、木工作业防火安全要求

（1）施工现场的木工作业场所，严禁动用明火。

（2）木工作业场地和个人工具箱内严禁存放油料和易燃易爆物品。

（3）经常对作业场所的电气设备及线路进行检查，发现短路、电气打火及线路绝缘老化、破损等情况及时维修。

（4）用于熬水胶的炉子应放在单独的房间，用后要立即熄灭。

（5）木工作业完成后，必须将现场清理干净，锯末、刨花等要堆放在指定的地点。

五、电工作业防火安全要求

（1）根据负荷合理选用导线，不得随意在线路上接入过多负载。

（2）保持导线支持物良好完整，防止布线过松。

（3）导线连接要牢固。

（4）经常检查导线的绝缘电阻，保持绝缘层的强度和完整。

（5）不准带电安装和修理电气设备。

六、油漆作业防火安全要求

油漆作业所使用的材料都是易燃易爆化学材料。因此，无论是油漆作业场地，还是临时存放库房，都严禁动用明火。室内作业时，一定要有良好的通风条件，照明设备必须使用防爆灯头，禁止穿带钉鞋出入现场，严禁吸烟，周围动火作业要远离 10 m 以外。

油漆作业防火还应注意以下几个方面：

（1）各类油漆和其他易燃、有毒材料应存放在专用库房内，不得与其他材料混放。挥发性油料应装入密闭容器内妥善保管。

（2）库房应通风良好，不准住人，并设置消防器材和"严禁烟火"等明显标志。库房与其他建筑物应保持一定的安全距离。

（3）使用煤油、汽油、松香水、丙酮等调配油料时，应穿戴安全防护用品，严禁吸烟。用过的油棉纱、油布、纸等废物，应集中存放在带盖的金属容器内，并及时处理。

（4）在室内或容器内喷漆，要保持通风良好，喷漆作业周围不准有火种。

（5）调配油漆或加稀释料应在单独的房间进行，并保持通风；在室内和地下室进行油漆作业时，通风应良好，任何人不得在操作时吸烟，防止气体燃烧伤人。

（6）随领随用油漆溶剂，禁止乱倒剩余漆料溶剂，剩料要及时加盖，注意储存安全，不准到处乱放。

（7）清理随用的小油漆桶时，应办理动火证，设专人看管，配备消防器材，防止发生火灾。

（8）掌握防火灭火知识，熟练使用灭火器材。

（9）工作时应穿不易产生静电的服装、鞋子，所用工具以不打火花为宜。

（10）喷漆设备必须接地良好。禁止乱接乱拉电线和电气设备，下班时要拉闸断电。

（11）禁止与焊工同时间、同部位上下交叉作业。

（12）维修工程施工使用脱漆剂时，应采用不燃性脱漆剂。

七、防腐作业防火安全要求

目前建筑工程采用的防腐蚀材料，多数是易燃易爆高分子化学材料，因此要特别注意防护安全。

（1）硫黄的熬制、储存、运输和施工，要严格控制温度，严禁与木炭、硝石相混。

（2）乙二胺是树脂类常用固化剂，是一种挥发性很强的化学物质，遇火种、高温和氧化剂有燃烧的危险，与醋酸、醋酐、二硫化碳、氯磺酸、盐酸、硝酸、硫酸、过氧酸银等会发生剧烈的化学反应。其防火安全要求如下：

1）应储存在阴凉、通风的仓库内，并远离火种热源。

2）应与酸类物品、氧化剂隔离堆放。

3）搬运时要轻装轻卸，防止破损。

4）一旦发生火灾，要用泡沫、二氧化碳、干粉灭火器以及沙土、雾状水灭火。

5）储存和运输时，一定要将盖子盖好，不能漏气。

6）作业时严禁烟火，注意通风。

（3）树脂类防腐蚀材料的施工，要避开高温，不得置于阳光下长时间暴晒。作业场地和储存库要远离明火，储存库要保持阴凉、通风。

八、高层建筑施工防火安全要求

（1）已建成的建筑物楼梯不得封堵。

（2）脚手架内的作业层应畅通，并搭设不少于两处与主体建筑相衔接的通道。

（3）脚手架外张挂的密目安全网，必须符合阻燃标准要求，严禁使用非阻燃的安全网。

（4）30 m 以上的高层建筑施工，应当设置加压水泵和消防水源管道，每层应设出水管口，并配备一定长度的消防水管。

(5) 高层金属焊割作业应办理动火证,动火处应配备灭火器,并设专人监护,发现险情,立即停止作业,采取措施,及时扑灭火源。

(6) 临时用电线路应使用绝缘良好的电缆,严禁将缆线绑在脚手架上。

(7) 应设立防火警示标志。

(8) 在存有易燃易爆物品处施工的人员不得吸烟和随便焚烧废弃物。

九、地下建筑施工防火安全要求

(1) 地下建筑施工应保证通道畅通,通道处不得堆放障碍物。

(2) 地下建筑室内不得储存易燃易爆物品,不得在室内配制用于防腐、防水、装饰的危险化学品溶液。

(3) 在进行防腐作业时,地下建筑室内应采取一定的通风措施,保证空气流通;照明用电线路不得有接头或裸露部分,照明设备应使用防爆灯具;施工人员严禁吸烟和动火。

(4) 地下建筑进行装饰时,不得同时进行水暖、电气安装的金属焊割作业。

(5) 地下建筑施工时,施工人员应严格遵守安全操作规程;易引发火灾的特殊作业,应设专人监护,并配备易燃易爆气体检测仪和消防器具,必要时采取强制通风措施。

十、施工现场生活区消防管理

(1) 生活区应建立消防责任制。

(2) 生活区内应设置消火栓或蓄水容量不小于 20 m^3 的蓄水池。

(3) 每栋宿舍两端应挂设灭火器,如宿舍较长,还应在正面适当增挂。

(4) 严禁将易燃易爆物品带入宿舍。

(5) 宿舍内严禁乱接乱拉电线，严禁使用电炉等电加热器具。

(6) 夏季使用蚊香一定要放在金属盘内，并与可燃物保持一定的距离。

(7) 宿舍内禁止乱丢烟头、火柴棒，不准躺在床上吸烟。

(8) 宿舍床下保持干净，无杂物，禁止堆放废纸、包装箱等易燃物。

十一、易燃易爆物品防火要求

(1) 对易引起火灾的仓库，应在库房内外分段设立防火墙，划分防火单元。

(2) 仓库应设在水源充足、消防车辆能够驶入的地方，且处于下风方向。

(3) 储量较大的易燃易爆物品仓库，应与生活区和料具堆放场分开布置。

(4) 易燃易爆物品仓库应设两个以上的大门，且大门向外开启。

(5) 易燃易爆物品堆放场应分类、分堆、分组和分垛码放，固体易燃易爆物品应与液体易燃易爆物品分开存放。

(6) 在建建筑物内不得存放易燃易爆物品，尤其是不得将木工加工区设在建筑物内。

(7) 仓库保管员应熟悉储存物品的分类、性质、保管业务知识和防火安全制度，掌握消防器材的操作使用和维护保养方法，做好本岗位的防火安全工作。

(8) 易燃易爆物品应按规定装卸。

(9) 易燃易爆物品仓库应按规定进行用电管理。

第四节　季节防火要求

季节防火是根据季节的不同特点而提出有针对性的防火工作要求。

建筑施工按季节的气候变化情况，通常分为常温施工、雨季和夏季施工、冬季施工三个不同的施工时期。常温施工的防火工作特点具有普遍性，雨季和夏季施工、冬季施工的防火工作特点具有特殊性。

建筑施工现场发生的火灾危险性较大。三个不同的施工时期相比较，冬季施工的火灾危险性要较其他两个季节施工的火灾危险性大。因此，冬季施工是防火工作的重点时期。

一、冬季施工的防火要求

1. 加强安全教育

加强冬季防火安全教育，提高全体人员的防火意识。对施工人员进行冬季施工防火安全教育是做好冬季施工防火安全工作的关键。只有人人重视防火工作，处处想着防火工作，做每一项工作都与防火安全工作相联系，才能提高全体人员的防火意识，变领导重视为每一个人重视，冬季施工防火安全工作就有了保障。普遍教育与特殊防火工种教育相结合，根据冬季施工防火安全工作的特点，每年入冬前应对电气焊工、木工、油漆工、电工和管理人员、警卫巡逻人员等进行有针对性的教育考试，把住防火安全工作重点环节这一关。

2. 易燃、可燃材料的使用与管理

冬季施工时，国家级重点工程、地区级重点工程、高层建筑工程及起火后不易扑救的工程，禁止使用可燃材料作为保温材料，应采用不燃或难燃材料进行保温。一般工程可采用可燃材料

进行保温,但必须严格管理。

(1) 使用可燃材料进行保温的工程,必须设专人监护,并进行巡逻检查。人员数量应根据使用可燃材料数量、保温面积而定。

(2) 合理安排施工工序,一般是将用火作业安排在前,保温材料的选择安排在后。

(3) 保温材料定位以后,禁止一切用火、用电作业,特别是在下层从事保温作业,禁止上层进行用火、用电作业。

(4) 照明线路、照明灯具应远离可燃保温材料。

(5) 保温材料使用完毕,应随时清理,集中存放保管。

3. 做好冬季消防器材的保温防冻工作

(1) 室外消火栓

1) 冬季施工工地(指北方)应尽量安装地下消火栓,在入冬前进行一次试水,加少量润滑油,并用草帘、锯末等覆盖消火栓,做好保温工作,以防冻结。

2) 冬季下雪时,应及时清除消火栓上的积雪,以免积雪融化后将消火栓盖冻住。

3) 对临时消防竖管应采取保温措施或将水放空,消防水泵内应安装采暖设施,以免冻结。

(2) 消防水池。入冬前应做好消防水池的保温工作,随时进行检查,发现冻结应进行破冻处理。一般方法是在水池上加盖木板,木板上再加盖不小于 40~50 mm 厚的稻草、锯末等。

(3) 轻便消防器材。入冬前应将泡沫灭火器、清水灭火器等置于有采暖设施的地方,外面套上保温套。

二、雨季和夏季施工的防火要求

1. 雨季施工对电气设备的防火要求

(1) 雨季施工到来之前,应对每个配电箱、用电设备进行一次检查,并采取相应的防雨措施,以防因短路造成起火事故。

(2) 雨季要随时检查有树木地方的电线情况，及时改变线路方向或砍掉离电线过近的树枝。

2. 雨季和夏季施工防雷要求

(1) 需要有防雷设施的部位。油库、易燃易爆物品库房、塔式起重机、卷扬机架、脚手架、在建高层建筑等部位及设施上都应安装避雷设施。

(2) 防雷设施的要求。防止雷击的方法是安装避雷装置，其基本原理是将雷电引入大地，以达到防雷的目的。

1) 所安装的避雷装置必须能保护相应的部位或设施。避雷装置三个组成部分必须符合规定，接地电阻不应大于规定的欧姆数值。

2) 每年雨季到来之前，应对避雷装置进行一次全面检查，并用仪器进行遥测，发现问题及时解决，以使避雷装置处于良好的工作状态。

3. 雨季施工对易燃易爆物品的防火要求

(1) 电石、乙炔瓶、氧气瓶、易燃液体等应在库内或棚内存放。禁止露天存放，防止因雷雨、日晒而发生起火事故。

(2) 生石灰、石灰粉的堆放应远离可燃材料，防止因受潮或雨淋导致周围可燃材料起火。

(3) 稻草、草帘、草袋等堆垛不宜过大，垛中应留有通气孔，顶部应防雨。

第八章

施工现场急救知识

建筑施工现场容易发生触电、创伤、火灾、中毒、中暑等伤害以及传染病，能否在第一时间实施正确的应急救护，对减少、减轻伤害至关重要。建筑施工现场的急救目的是应用急救知识和最简单的急救技术进行现场初级救生，最大限度地稳定伤病者的伤情病情，维持伤病者最基本的生命体征，以防伤病恶化，减少并发症。

第一节 应急救护

一、现场救护程序

现场急救一般按照"环境评估、伤情评判、打开气道、人工呼吸、人工循环"的顺序进行。

（1）环境评估，即对环境中存在的危险因素进行观察和评估。具体内容如下：

1）确认环境有无危害急救者及伤病者的危险因素，确保急救者及伤病者的安全。

2）存在危险因素时应首先将其排除，无法排除时应呼救待援，不要随意进入事故现场。

3）确认无危险因素后，应迅速进入现场并检查伤病者的伤情病情。

（2）伤情评判，即对伤病者的伤害程度进行检查评判。具体内容如下：

1) 在伤病者耳边大声呼唤，再轻拍其肩、臂，以观其反应。如没有反应，则可判定伤病者已经丧失意识。

2) 了解伤病者受伤过程，以确定伤病者可能受到的伤害程度。如高处坠落可能造成脊椎受伤，切勿随意搬动。

（3）打开气道，丧失意识的伤病者可因舌后坠而堵塞气道，造成呼吸障碍甚至窒息。

（4）人工呼吸，用 5～10 s 的时间，以听（呼吸音）、看（胸部起伏）、感觉（呼气）的方法来检查伤病者是否仍有正常呼吸。如无正常呼吸，则应高声呼救，并立即施行人工呼吸。

（5）人工循环，即胸外心脏按压。有严重出血的伤病者，应立即止血。

二、申请急救服务

拨打急救电话120，求助者应在接听者完全接收到信息并示意后才可挂断电话。电话内容包括：

（1）现场联络人的姓名、电话。

（2）发生事故的工程名称、工程地点（必要时可说明到达现场的途径）。

（3）事故发生的过程、种类。

（4）事故中伤病者的人数。

（5）事故中人员受伤的情况（包括受伤种类及严重程度）。

（6）特殊说明（如需接近被困伤病者或解除伤病者的缠压物等）。

（7）要求接听者将电话内容复述一遍，以确保信息准确无误。

第二节　施工现场主要急救常识

一、创伤急救

创伤分为开放性创伤和闭合性创伤。开放性创伤是指皮肤或黏膜的破损，如擦伤、割伤、撕裂（脱）伤、刺伤、烧伤等。闭合性创伤是指人体内部组织的损伤，而没有皮肤或黏膜的破损，如挫伤、挤压伤等。

1. 开放性创伤的处理

对于出血不止的伤口，应当及时有效地止血。外出血的处理一般遵照以下程序实施：判断环境安全→检查生命体征→置伤病者于舒适体位→检查伤口→立即止血→包扎伤口→简单固定骨折处→预防和处理休克→送往医院。

（1）清洗消毒。可用生理盐水和酒精棉球将伤口和周围皮肤上沾染的泥沙、污物等清理干净，并用干净的纱布吸收水分及渗血，再用酒精等药物进行初步消毒。在没有消毒条件的情况下，可用清水冲洗伤口，最好用流动的自来水冲洗，然后用敷料，如清洁、柔软且吸水力强的被单、手帕、毛巾或三角巾等吸干伤口。

（2）止血。一般情况下，在伤口处施加压力，如使用绷带及敷料包扎并将受伤部位抬高，都可以止血。

（3）包扎。创伤处用消毒敷料或清洁的医用纱布覆盖，再用绷带或布条包扎，既可预防伤口感染，又可减少出血、帮助止血。

三角巾包扎，可用于前臂悬吊，固定敷料和骨折处，并起软垫的作用。

绷带包扎，绷带可由各种不同的材料制成，其宽度、长度视其所用部位而定。在倒塌、坍塌过程中，一般受伤人员均表现为肢体受压。解除肢体压迫后，应立即用弹性绷带绑牢伤肢，以免发生组织肿胀。此种情况下的伤肢，不应抬高、局部按摩、施行热敷和继续活动。

（4）固定。肢体骨折时，可借助绷带包扎夹板来固定受伤部位上下两个关节，减少损伤和疼痛，预防休克。

在对骨折伤病者进行处理时，应遵守以下基本原则：首先对出血部位进行处理，再将伤病者置于适当位置后就地施救；检查伤肢远端血液循环、皮肤感觉及活动能力；伤病者仰卧时，应从躯体下方的空隙处（如颈、腰、膝、足踝等）将三角巾穿过；包扎下肢时，除足踝外，其余均用宽带；切勿随意移动骨折处，除非现场环境对伤病者或急救者有生命威胁。

（5）搬运。经现场止血、包扎、固定后的伤病者，应尽快送往医院抢救。

要注意搬运方法的正确性、适当性，否则可导致继发性创伤，加重病痛，甚至威胁生命。搬运法可分为徒手搬运和使用器材搬运两大类。

徒手搬运，用于紧急抢救或运送短距离路程的伤病者，但必须注意徒手搬运法不可应用于怀疑脊椎受伤或下肢骨折的伤病者。

单人、双人徒手搬运时，轻伤者可搀扶着走，重伤者可让其伏于急救者的背上，双手绕颈交叉下垂，急救者用双手抱住伤病者的大腿。

用担架搬运时，要使伤病者头部向后，以便后面抬担架的人可以随时观察其变化。

搬运伤病者要点如下：

1) 肢体受伤发生骨折时，宜在止血、包扎、固定后再行搬运，以防骨折断端因搬运晃动而移位。

2) 处于休克状态的伤病者要使其平卧并注意保暖，同时将其下肢抬高约 20°左右，及时止血、包扎、固定伤肢，然后尽快送往医院进行抢救治疗。

3）在搬运发生严重创伤并伴有大出血或已休克的伤病者时，要平卧运送伤病者，头部可放置冰袋或戴冰帽，途中要尽量避免晃动；运送过程中如出现呼吸、脉搏骤停现象，应立即采取人工呼吸和体外心脏按压等急救措施。

4）在搬运高处坠落或摔伤的伤病者时，要仔细检查其头部、颈部、胸部、腹部、四肢、背部和脊椎，观察有无肿胀、青紫、局部压痛、骨摩擦声等其他内部损伤，假如出现上述情况，就不能随意搬动伤病者，需按照正确的方法搬运，一定要使伤病者平卧在硬板上再行搬运。

切忌只抬伤病者的两肩和两腿或单肩背运伤病者，因为这样会使伤病者的躯干过分屈曲或过分伸展，致使已受伤的脊椎移位，甚至断裂造成截瘫，导致其死亡或发生神经、血管损伤并加重病情。

2. 闭合性创伤（内出血）的处理

（1）按照"环境评估、伤情评判、打开气道、人工呼吸、人工循环"的顺序进行处理。

（2）预防或处理休克。

（3）密切观察记录呼吸、脉搏，以做比较。

（4）保留排泄物或呕吐物，送往医院化验。

（5）消化道出血及需要手术处理的伤病者禁止饮食。

（6）将伤病者送往医院。

（7）切勿在无人照料的情况下离开伤病者。

二、触电急救

触电者能否获救，在绝大多数情况下取决于能否迅速脱离电源及正确施行人工呼吸和心脏按压术。拖延时间、动作迟缓或救护不当，都可造成死亡。

1. 脱离电源

发现有人触电，应立即切断电源或拔下电源插销，若一时无法找到电源，可用绝缘物（如干燥的木棒、竹竿、手套等）将电线移开，使触电者脱离电源。必要时，可用绝缘工具切断电源。如果触电者位于高处，要采取防坠落措施，以防触电者脱离电源后摔伤。

2. 紧急救护

根据触电者的情况进行简单检查并做相应处理。

（1）对于神志清醒，但感到乏力、头昏、心悸、盗汗、四肢发麻，甚至有恶心或呕吐现象的触电者，应使其就地安静休息，减轻心脏负担，加快恢复；情况严重时，应立即送往医院进行检查治疗。

（2）对于呼吸、心跳尚存，但神志不清的触电者，应使其仰卧，保证周围空气流通，并注意保暖；除严密观察外，还要做好人工呼吸和心脏按压的准备工作。

（3）对处于"假死"状态的触电者，应针对其出现的不同"假死"状况进行处理。如呼吸停止，应用口对口人工呼吸法来维持气体交换；如心脏停止跳动，应用体外心脏按压法来维持血液循环。

3. 救助方法

（1）口对口人工呼吸法。触电者仰卧，解开触电者衣领，清理触电者口腔异物，使触电者鼻孔朝天、头后仰；贴嘴吹气，放开嘴鼻换气。如此反复进行，每分钟吹气12次，即每5 s吹气一次。

（2）体外心脏按压法。触电者仰卧于硬板上，急救者中指（手掌）对准触电者的凹膛，掌根用力向下压，慢慢向下后突然放开。连续操作，每分钟进行60次，即每秒钟一次。

（3）在触电者心跳、呼吸均停止，且急救者只有一人的情况下，须同时进行人工呼吸和体外心脏按压。此时，可先吹气2次，立即按压15次，然后再吹气2次，再按压，如此反复交替进行。

三、火灾逃生

（1）当发生火灾时，应奋力控制、扑灭小火；千万不要惊慌失措，置小火于不顾而酿成大灾。

（2）如果发现火势无法控制，应保持镇静，判断危险地点和安全地点，决定逃生的办法和路线，尽快撤离险地。

（3）如果身处在建工程内，应立即选择距离较近且直通楼外地面的楼梯，以撤离到着火建筑物之外地面最安全。

（4）经过充满烟雾的路线，要防止烟雾中毒、窒息，应采取低姿势行走或贴近地面匍匐行进，有条件时可用湿毛巾、衣物等捂住嘴鼻，以便顺利撤出烟雾区。

（5）若下行楼梯受阻，疏散通道被大火阻断，确认无法逃生时，则应就近寻找临时避难场所，等待消防队前来救护。可撤退至楼顶施工层的上风处，求得暂时性的自我保护；也可借助窗口或者阳台等待向外逃生。

（6）当身上衣服着火时，不可奔跑或用手拍打，因奔跑或拍打会形成风势，促旺火势。应设法脱掉衣服或就地打滚，压灭火苗；能及时跳入水中或往身上浇水、喷灭火剂更有效。

四、中暑急救

中暑是由于在非常酷热的环境下，人体体温调节功能发生障碍，无法散发体内热量而使体温严重升高以及由此导致的一系列临床表现。

1. 中暑的医学特征

中暑者体征表现为皮肤潮红、干燥、无汗；体温上升，可达40℃或以上；脉搏快而强，严重的可能神志不清。

2. 中暑的处理方法

在施工现场发现有中暑者，必须快速处理。

(1) 迅速将中暑者移至阴凉、通风处。

(2) 打开气道，必要时进行人工呼吸。

(3) 尽快为中暑者降温，除去衣服，脱掉鞋子，使其平卧，用湿冷毛巾连续擦身，在中暑者两侧腋下及腹股沟处放置湿冷毛巾，用电扇、扇子或空调降温。

(4) 密切注意中暑者的呼吸、脉搏。

(5) 及时处理呼吸衰竭等情况。

(6) 将中暑者送往医院。

3. 中暑的预防

(1) 避免长时间在酷热及潮湿的环境下工作。

(2) 穿着较浅颜色和宽松的衣服。

(3) 采取防晒措施和多饮水，适当补充盐分。

(4) 合理安排作息时间和露天作业。

(5) 保持作业环境通风。

(6) 采取措施降低热辐射，疏散、隔离热源，减少与热源接触。

五、中毒急救

任何有毒物质包括固体、液体、气体接触或进入人体后，引起暂时性或永久性损害，都称为中毒。中毒途径有口服、吸入、皮肤吸收、注射等。施工现场发生的中毒主要有食物中毒、燃气中毒和毒气中毒。

1. 中毒急救原则

(1) 确保急救者自身安全。

(2) 将昏迷的中毒者置于复苏体位，按照"环境评估、伤情评判、打开气道、人工呼吸、人工循环"的顺序实施救护。

(3) 减少毒素吸收，搬离污染现场，脱去污染衣服，用大量清水冲洗被污染的皮肤，勿让中毒者进食。

(4) 申请急救医疗服务时，提供中毒者年龄及性别、毒品名称及剂量、中毒时间、是否呕吐、清醒程度等情况。

（5）搜集现场遗留的毒物、药袋及中毒者的呕吐物，一同送往医院。

2. 施工现场中毒救护

（1）食物中毒的救护。发现饭后多人有呕吐、腹泻等不正常症状时，应尽量让中毒者大量饮水，刺激喉部使其呕吐；及时报告工地负责人和当地卫生防疫部门，并保留剩余食品以备检验；立即拨打急救电话120或将中毒者送往就近医院。

（2）燃气中毒的救护。发现有人煤气中毒时，应迅速打开门窗，使空气流通；将中毒者移至室外实施现场急救；及时报告工地负责人；立即拨打急救电话120或将中毒者送往就近医院。

（3）毒气中毒的救护。在井（地）下施工时有人发生毒气中毒，必须先向出事地点送风；急救者配备齐全安全防护用品，方可下去救人；立即报告工地负责人及有关部门，现场不具备抢救条件时，应及时拨打电话110或120求救。

井（地）上人员绝对不可盲目下去救助。

第三节 现场呼吸复苏技术

在畅通气道后，一旦判定伤病者呼吸停止，应立即进行人工呼吸。现场进行人工呼吸的方法有以下几种：

一、口对口人工呼吸法

1. 原理

人工呼吸是向伤病者肺部提供氧气的快速而有效的方法。急救者呼出的气体含有伤病者所需的足够氧气。人吸入的空气中含氧气21%，含二氧化碳0.4%；人呼出的气体中含氧气16%～18%，含二氧化碳2%。肺部吸入20%的氧气，其余80%的氧气原样呼出。正常人给伤病者吹气时，只要吹气量足够，则进入伤病者肺部的氧气量基本上是足够的。

2. 具体方法

（1）在保持呼吸道畅通的条件下进行。

（2）口对口呼吸前向伤病者口中吹两口气，扩张肺组织，以利于气体交换。因为心跳、呼吸停止的伤病者，肺脏处于半萎缩状态。

（3）伤病者处于仰卧位，尽量使其头部后仰，颈部用枕头或衣物垫起，以解除舌后坠所致的呼吸道阻塞。抬起下颌，口盖两层纱布，急救者一只手扶于伤病者的前额，另一只手的拇指、食指捏紧伤病者的鼻孔，以防吹入的气体从鼻孔排出。

（4）急救者深吸一口气后张开嘴，并贴紧伤病者的嘴。

（5）用力向伤病者的口内吹气，吹气要求快而深，同时观察伤病者胸部有无起伏（见图8—1）。

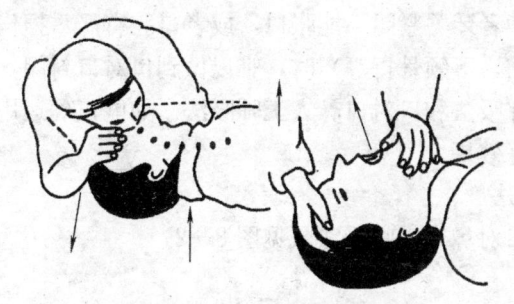

图8—1 口对口人工呼吸法

（6）一次吹气完毕后，应立即与伤病者的嘴唇脱离，轻轻抬起其头部，面向其胸部，吸入新鲜空气，以便做下一次人工呼吸。同时使伤病者的嘴张开，捏鼻的手也可放松，以便伤病者鼻孔通气。观察伤病者胸部有无恢复原位，有无气流从伤病者口内排出。

（7）吹气的频率。抢救开始后首先吹气2次。采用单人心肺复苏术时,每按压胸部 15 次,吹气 2 次,即 15∶2;采用双人心肺复苏术时,每按压胸部 5 次,吹气 1 次,即 5∶1。若有心跳无呼吸者,每 5 s 吹气 1 次,12~16 次/分钟。每次吹气时间以 1~1.5 s 为好。每次通气有 1.5 s 的时间间歇,以利于氧气输送。

(8) 吹气量。首先向伤病者肺内吹气 2 次,每次吹气量为 800~1 200 mL。吹气时注意观察伤病者胸部有无起伏。有起伏者,则人工呼吸有效,技术良好;无起伏者,则气道畅通不够,气道阻塞或吹气不足。吹气量也不宜过大过快,否则易进入胃部,使胃膨胀、反流,影响呼吸。

(9) 吹气时不要进行心脏按压,否则会发生肺部损伤,同时影响肺通气效果。

二、口对鼻人工呼吸法和口对口鼻人工呼吸法

1. 适应证

当伤病者牙关紧闭不能张口,或者口腔有严重损伤(如下颌及嘴唇外伤、下颌骨折等)时,难以做到口对口封闭,可采用口对鼻人工呼吸法和口对口鼻人工呼吸法。如能正确运用,同样可以收到良好效果。

2. 方法

(1) 口对鼻人工呼吸法(见图 8—2)

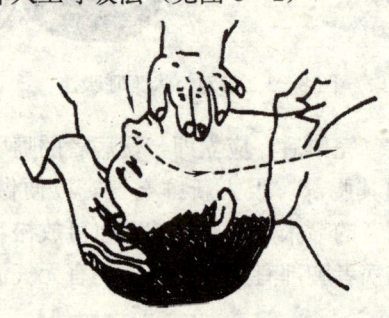

图 8—2 口对鼻人工呼吸法

1) 清理并畅通伤病者的呼吸道。
2) 使伤病者紧闭嘴唇。
3) 急救者深吸气后,向伤病者的鼻腔吹气。
4) 呼气时令伤病者张开嘴,以利于气体排出。
(2) 口对口鼻人工呼吸法(见图8—3)

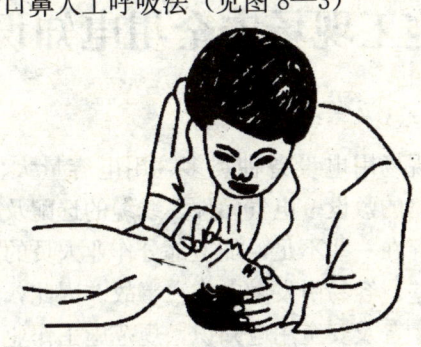

图8—3 口对口鼻人工呼吸法

1) 使伤病者张开口鼻。
2) 急救者深吸一口气,用嘴唇包住伤病者的口鼻用力向里吹气,观察其胸部有无起伏。
除上述两种方法外,还有口咽管吹气法、按压呼吸法、人工推压呼吸法、人工压背呼吸法等。

第九章

施工现场安全用电知识

由于施工现场用电设备种类多、用电容量大、工作环境复杂,在电气线路的敷设,电气元件、线缆的选配及电气装置的设置等方面经常存在一些不足,加上部分作业人员的素质不高,安全用电意识较差,容易引发触电伤亡事故。因此,加强施工现场临时用电管理,普及安全用电知识,规范施工作业用电,对保障施工安全具有十分重要的意义。

随着城市建设的发展、机械化强度的不断提高,各类施工用电设备用量增加,因此,国家对施工现场的施工用电要求也越来越规范化、标准化。根据建设部颁布的《施工现场临时用电安全技术规范》(JGJ 46—2005)的要求,必须做好施工安全用电工作。施工现场用电安全是施工中的大事,也是确保安全生产的关键。因此,必须采取安全用电技术措施。

第一节 施工现场临时用电系统

一、施工现场用电特点

施工现场用电与一般工业或居民生活用电相比,具有临时性、流动性、危险性和不确定性等特点。

(1)临时性。这主要是由施工工期决定,有的施工工期只有几个月,有的施工工期可多达数年,工程竣工后用电设施要及时拆除。

(2) 流动性。伴随着施工进度,机械设备、施工机具、配电设备、照明器具等频繁移动,手持电动工具使用较多。

(3) 危险性。施工现场作业条件差,潮湿环境多,用电设备多,交叉作业多,湿作业多,供电线路复杂。

(4) 不确定性。一项工程随着施工进度的推进,在不同时期、不同阶段用电量相差较大。

二、施工现场临时用电系统的特点

(1) 采用三级配电系统。施工现场临时用电,从电源进线开始至用电设备经总配电箱、分配电箱,再到开关箱,分三个层次逐级配送电力。

(2) 采用 TN-S 接零保护系统。施工现场临时用电工程的接地保护,采用的是保护零线(PE线)与工作零线(N线)分开设置,电源中性点直接接地的三相四线制低压电力系统。

(3) 采用两级漏电保护系统。在整个施工现场临时用电工程中,总配电箱中必须装设漏电保护器,所有开关箱中也必须装设漏电保护器。

(4) "一机一箱"制。在建筑施工现场,一般情况下每台用电设备必须设有专用控制开关箱,每个开关箱只能用于控制一台用电设备。

第二节 施工现场用电设备

用电设备是配电系统的终端设备,是最终将电能转化为机械能、光能等其他形式能量的设备。施工现场用电设备基本上可分为电动机械、电动工具和照明器三大类。

一、电动机械

(1) 起重机械,包括塔式起重机、施工升降机、物料提升机等。

(2) 桩工机械,包括各类打桩机、打桩锤和钻孔机等。

(3) 夯土机械,包括电动蛙式夯、快速冲击夯等。

(4) 焊接设备,包括电阻焊、埋弧焊等。

(5) 其他电动建筑机械,包括混凝土搅拌机、混凝土振动器、地面抹光机、钢筋加工机械、木工机械、水泵等。

二、电动工具

建筑施工时主要采用手持式电动工具,如电钻、电锤、电刨、切割机、热风枪等。手持式电动工具按电击保护方式分为Ⅰ类工具、Ⅱ类工具和Ⅲ类工具。

(1) Ⅰ类工具(即普通型电动工具)。这类工具在防止触电的保护方面不仅依靠基本绝缘,而且还包含附加的安全预防措施。将可触及的可导电零件与已安装的固定线路中的保护(接地)导线连接起来,以这样的方法来使可触及的可导电零件在基本绝缘损坏的事故中不成为带电体。这类工具一般都采用全金属外壳。

(2) Ⅱ类工具(即绝缘结构全部为双重绝缘结构的电动工具)。这类工具在防止触电的保护方面不仅依靠基本绝缘,而且还提供双重绝缘或加强绝缘的附加安全预防措施。这类工具外壳有金属和非金属两种,但手持部分是非金属的,在工具的明显部位标有Ⅱ类结构符号"回"。

(3) Ⅲ类工具(即特低电压的电动工具)。这类工具在防止触电的保护方面依靠安全特低电压供电。

三、照明器

建筑施工现场使用的照明器较多，既有普通照明使用的白炽灯、荧光灯和节能灯，也有场地照明使用的高光效、长寿命的高压汞灯、高压钠灯、碘钨灯以及钨、铊、铟等金属卤化物灯具。照明器按照使用方式分为固定灯和行灯，按照使用环境分为防水灯具、防尘灯具、防爆灯具、防振灯具、耐酸碱型灯具和断电使用应急灯、安全警示灯等。

第三节 安全用电知识

一、用电安全管理

施工单位和工程项目部应建立健全用电安全责任制，制定电气防火和用电安全措施，做好施工现场用电安全管理。具体内容如下：

(1) 电工必须取得建筑电工特种作业操作资格证书，并持证上岗。

(2) 安装、巡检、维修或拆除临时用电设备和线路，须由电工完成，并设专人监护。

(3) 用电人员必须通过相关安全教育培训和技术交底，经考核合格后方可上岗作业。

(4) 用电设备使用人员应保管和维护所用设备，发现问题要及时报告解决。

(5) 暂时停用设备的开关箱必须分断电源隔离开关，并应关门上锁。

(6) 移动电气设备，须由电工切断电源并做妥善处理后方可进行。

1. 临时用电组织设计

(1) 施工现场临时用电设备在 5 台及以上或设备总容量在 50 kW 及以上者，应编制用电组织设计。

(2) 施工现场临时用电组织设计应包括下列内容：

1) 现场勘探。

2) 确定电源进线，确定变电所或配电室、配电装置、用电设备位置及线路走向。

3) 进行负荷计算。

4) 选择变压器。

5) 设计配电系统

①设计配电线路，选择导线或电缆。

②设计配电装置，选择电气设备。

③设计接地装置。

④绘制临时用电工程图样，主要包括用电工程总平面图、配电装置布置图、配电系统接线图、接地装置设计图等。

6) 设计避雷装置。

7) 确定防护措施。

8) 制定安全用电措施和电气防火措施。

(3) 临时用电工程图样应单独绘制，临时用电工程应按图样施工。

(4) 临时用电组织设计，必须履行"编制、审核、批准"程序，由电气工程技术人员组织编制，经相关部门审核及具有法人资格企业的技术负责人批准后实施。变更用电组织设计，应补充有关图样资料。

(5) 临时用电工程必须经编制、审核、批准部门和使用单位共同验收合格后，方可投入使用。

(6) 施工现场临时用电设备在 5 台以下或设备总容量在 50 kW 以下者，应制定安全用电和电气防火措施，并应符合《施工现场临时用电安全技术规范》第 3.1.4 条、第 3.1.5 条的规定。

2. 电工及用电人员

(1) 电工必须经过按国家现行标准考核合格后,持证上岗作业;其他用电人员必须通过相关安全教育培训和技术交底,经考核合格后方可上岗作业。

(2) 安装、巡检、维修或拆除临时用电设备和线路,须由电工完成,并设专人监护。电工等级应同工程的难易程度和技术复杂性相适应。

(3) 各类用电人员应掌握安全用电基本知识和所用设备的性能,并应符合下列规定:

1) 使用设备前必须按规定穿戴和配备好相应的劳动防护用品,并应检查电气装置和保护设施。严禁设备带"病"运转。

2) 保管和维修所用设备,发现问题及时报告解决。

3) 暂时停用设备的开关箱必须分断电源隔离开关,并应关门上锁。

4) 移动电气设备,须由电工切断电源并做妥善处理后方可进行。

3. 安全技术档案

(1) 施工现场临时用电必须建立安全技术档案,并应包括下列内容:

1) 用电组织设计的全部资料。

2) 修改用电组织设计的资料。

3) 用电技术交底资料。

4) 用电工程检查验收表。

5) 电气设备的试验、检验凭单和调试记录。

6) 接地电阻、绝缘电阻和漏电保护器漏电动作参数测定记录表。

7) 定期检(复)查表。

8) 电工安装、巡检、维修、拆除工作记录。

(2) 安全技术档案应由主管该施工现场的电气技术人员负责建立与管理。其中"电工安装、巡检、维修、拆除工作记录"可指定电工代管，每周由项目经理审核认可，并应在临时用电工程拆除后统一归档。

(3) 临时用电工程的定期检查。对临时用电工程进行定期检查时，应复查接地电阻值和绝缘电阻值。

(4) 临时用电工程的定期检查应按分部、分项工程进行，对安全隐患必须及时处理，并应履行复查验收手续。

二、外电线路和配电线路

施工过程中必须与外电线路保持一定的安全距离，防止发生因碰触造成的触电事故。施工现场的配电线路交错复杂，极易发生因线缆拉断、砸烂、破皮造成的漏电事故。

1. 外电线路防护

(1) 在建工程不得在外电架空线路正下方施工，搭设作业棚、建造生活设施或堆放构件、架具、材料及其他杂物等。

(2) 在建工程（含脚手架）的周边与外电架空线路边线之间的最小安全操作距离应符合表 9—1 的规定。

表 9—1　在建工程（含脚手架）的周边与外电架空线路边线之间的最小安全操作距离

外电线路电压等级（kV）	<1	1~10	35~110	220	330~500
最小安全操作距离（m）	4.0	6.0	8.0	10	15

注：上、下脚手架的斜道不宜设在有外电线路的一侧。

(3) 施工现场的机动车道与外电架空线路交叉时，外电架空线路的最低点与路面的最小垂直距离应符合表 9—2 的规定。

表 9—2　施工现场的机动车道与外电架空线路交叉时的最小垂直距离

外电线路电压等级（kV）	<1	1~10	35
最小垂直距离（m）	6.0	7.0	7.0

(4)起重机严禁越过无防护设施的外电架空线路作业。在外电架空线路附近吊装时,起重机的任何部位或被吊物边缘在最大偏斜时与外电架空线路边线的最小安全距离应符合表9—3的规定。

表9—3 起重机与外电架空线路边线的最小安全距离

电压(kV)	<1	10	35	110	220	330	500
沿垂直方向的安全距离(m)	1.5	3.0	4.0	5.0	6.0	7.0	8.5
沿水平方向的安全距离(m)	1.5	2.0	3.5	4.0	6.0	7.0	8.5

(5)施工现场开挖沟槽边缘与外电埋地电缆沟槽边缘之间的距离不得小于0.5m。

(6)当达不到规定要求时,必须采取绝缘隔离防护措施,并应悬挂醒目的警告标志牌。

架设防护设施时,必须经有关部门批准,采取线路暂时停电或其他可靠的安全技术措施,并应由电气工程技术人员和专职安全人员负责监护。

防护设施与外电线路之间的安全距离不得小于表9—4所列数值。

表9—4 防护设施与外电线路之间的最小安全距离

外电线路电压等级(kV)	≤10	35	110	220	330	500
最小安全距离(m)	1.7	2.0	2.5	4.0	5.0	6.0

防护设施应坚固、稳定,且对外电线路的隔离防护应达到IP30级。

(7)当上述(6)规定的防护措施无法实现时,必须与有关部门协商,采取停电、迁移外电线路或改变工程位置等措施,未采取上述措施的严禁施工。

(8)在外电架空线路附近开挖沟槽时,必须会同有关部门采取加固措施，防止外电架空线路电杆倾斜等。

（9）严禁将架空线缆架设在树木、脚手架及其他设施上。

（10）埋地电缆穿越建筑物、构筑物、道路、易受机械损伤场所、腐蚀介质场所等，必须加设防护套管。

（11）电缆线路必须采取电缆埋地方式引入在建工程内，严禁穿越脚手架引入。

（12）装饰装修施工阶段，电源线可沿墙脚、地面敷设，但应采取防机械损伤和电火措施。

（13）室内配线必须采用绝缘导线或电缆，并应根据配线类型采用瓷瓶、瓷（塑料）夹、嵌绝缘槽、穿管敷设。

（14）潮湿场所或埋地非电缆配线必须穿管敷设，管口和管接头应密封。

（15）室内明敷主干电线距地面高度不得小于 2.5 m。

（16）架空进户线的室外端应采用绝缘子固定，过墙处应穿管保护，距地面高度不得小于 2.5 m，并应采取防雨措施。

（17）搬运较长的金属物体，如钢筋、钢管等材料时，不得触碰电线。

（18）在临近输电线路的建筑物上作业，不能随便往下乱扔金属类杂物，更不能触摸和拉动电线、电线接触的导体和电线杆的拉线。

（19）当发现电线坠地或设备漏电时，不得随意跑动或触摸金属物体，并保持 10 m 以上距离。

（20）移动金属梯子和操作平台时，要观察其与高处输电线路的距离，确认有足够的安全距离后再进行作业。

（21）在地面或楼面上运送材料时，不得踩踏电线；停放手推车时，钢模板、脚手板、钢筋等不得堆放在电线上。

2. 电气设备防护

（1）电气设备周围不得存放易燃易爆物品、污染和腐蚀介质，否则应予以清除或采取防护措施，其防护等级必须与环境条件相适应。

(2) 电气设备设置场所应能避免物体打击和机械损伤，否则应采取防护措施。

三、配电室及自备电源

1. 配电室

(1) 配电室应靠近电源，并应设在无灰尘、潮气少、振动小、无腐蚀介质、无易燃易爆物品及道路畅通的地方。

(2) 成列的配电柜和控制柜两端应与重复接地线及保护零线做电气连接。

(3) 配电室和控制室应能自然通风，并应采取防止雨雪和动物进入的措施。

(4) 配电室的布置应符合下列要求：

1) 配电柜正面的操作通道宽度，单列布置或双列背对背布置不应小于 1.5 m；双列面对面布置不应小于 2 m。

2) 配电柜后面的维护通道宽度，单列布置或双列面对面布置不应小于 0.8 m；双列背对背布置不应小于 1.5 m；对于个别建筑物结构突出的地方，通道宽度可减少 0.2 m。

3) 配电柜侧面的维护通道宽度不应小于 1 m。

4) 配电室的顶棚与地面的距离不应小于 3 m。

5) 配电室内设值班室或检修室时，该室边缘距配电柜的水平距离应大于 1 m，并采取屏障隔离措施。

6) 配电室内的裸母线与地面垂直距离小于 2.5 m 时，应采取遮栏隔离措施，遮栏下面通行道的高度不应小于 1.9 m。

7) 配电室的围栏上端与其正上方带电部分的净距不应小于 0.075 m。

8) 配电装置的上端距顶棚不应小于 0.5 m。

9) 配电室内的母线均涂刷有色油漆；以配电柜正面方向为基准，其涂色符合表 9—5 的规定。

表 9—5　　　　　母线涂色

相别	颜色	垂直排列	水平排列	引下排列
L1（A）	黄	上	后	左
L2（B）	绿	中	中	中
L3（C）	红	下	前	右
N	淡蓝	—	—	—

10）配电室建筑物和构筑物的耐火等级不应低于 3 级，室内配置砂箱和可用于扑灭电气火灾的灭火器。

11）配电室的门向外开，并配锁。

12）配电室的照明分别设置正常照明和事故照明。

（5）配电柜应装设电度表、电流表和电压表。电流表与电度表不得共用一组电流互感器。

（6）配电柜装设电源隔离开关及短路、过载、漏电保护器。电源隔离开关分断时应有明显的分断点。

（7）配电柜应编号，并应有用途标记。

（8）配电柜或配电线路停电维修时应挂接地线，并悬挂"禁止合闸，有人工作"停电标志牌。停、送电须由专人负责。

（9）配电室应保持整洁，不得堆放任何妨碍操作、维修的杂物。

2. 230/400 V 的自备发电机组

（1）发电机组及其控制室、配电室、修理室等可以分开设置，在保证电气安全距离和满足防火要求的情况下可以合并设置。

（2）发电机组的排烟管道必须伸出室外。发电机组及其控制室、配电室内必须配置可用于扑灭电气火灾的灭火器，严禁存放储油桶。

（3）发电机组的电源必须与外电线路的电源联锁，严禁并列运行。

(4) 发电机组应采用电源中性点直接接地的三相四线制供电系统和独立设置 TN-S 接零保护系统，其工作接地电阻值应符合《施工现场临时用电安全技术规范》第 5.3.1 条的规定。

(5) 发电机控制屏应装设下列仪表：
1) 交流电压表。
2) 交流电流表。
3) 有功功率表。
4) 电度表。
5) 功率因数表。
6) 频率表。
7) 直流电流表。

(6) 发电机供电系统应设置电源隔离开关及短路、过载、漏电保护器。电源隔离开关分断时应有明显的分断点。

(7) 发电机组并列运行时必须装设同期装置，并在机组同步运行后再向负载供电。

四、配电箱及开关箱

施工现场的配电箱包括总配电箱（配电柜）、分配电箱和开关箱三种。总配电箱和分配电箱是电源与用电设备之间的中枢环节；开关箱是配电系统的末端，是直接控制用电设备的装置，也是作业人员经常操作的。它们的设置和使用直接影响施工现场的用电安全。

1. 配电箱的设置

(1) 总配电箱以下设若干分配电箱，分配电箱以下设若干开关箱。

(2) 总配电箱设在靠近电源的区域，分配电箱设在用电设备或负荷相对集中的区域。

(3) 分配电箱与开关箱的距离不得超过 30 m，开关箱与其控制的固定式用电设备的水平距离不宜超过 3 m。

(4) 每台用电设备必须有各自专用的开关箱,严禁用同一个开关箱控制 2 台及以上的用电设备。

2. 配电箱的制作

(1) 配电箱、开关箱一般采用冷轧钢板或阻燃绝缘材料制作,钢板厚度为 1.2~2 mm,其中开关箱箱体钢板厚度一般不得小于 1.2 mm,配电箱箱体钢板厚度一般不得小于 1.5 mm,箱体表面应做防腐处理。

(2) 配电箱、开关箱内的元器件应按设计要求紧固在安装板上,不得歪斜和松动。

(3) 开关箱中漏电保护器的额定漏电动作电流不应大于 30 mA,动作时间不应大于 0.1 s;使用于潮湿或有腐蚀介质场所的漏电保护器应采用防溅型产品,其额定漏电动作电流不应大于 15 mA,动作时间不应大于 0.1 s。

(4) 总配电箱中漏电保护器的额定漏电动作电流应大于 30 mA,动作时间应大于 0.1 s,但其额定漏电动作电流与额定漏电动作时间的乘积不应大于 30 mA·s。

3. 配电箱的安装

(1) 配电箱、开关箱应摆放端正,设置牢固。

(2) 固定式配电箱、开关箱的中心点与地面的垂直距离应为 1.4~1.6 m。

(3) 移动式配电箱、开关箱应装设在坚固、稳定的支架上,中心点与地面的垂直距离应为 0.8~1.6 m。

(4) 配电箱、开关箱周围不得堆放任何妨碍操作、维修的物品,不得有灌木、杂草等。

4. 配电箱的使用

(1) 对配电箱、开关箱进行定期维修、检查时,必须将其前一级相应的电源隔离开关分闸断电,并悬挂"禁止合闸,有人工作"停电标志牌,严禁带电作业。

(2) 配电箱、开关箱必须按照总配电箱→分配电箱→开关箱的操作顺序送电，按照开关箱→分配电箱→总配电箱的操作顺序停电。

（3）施工现场停止作业1小时以上时，应将开关箱断电上锁。

（4）配电箱、开关箱内不得放置任何杂物，并应保持整洁。

（5）配电箱、开关箱内不得随意挂接其他用电设备。

（6）配电箱、开关箱内的元器件配置和接线严禁随意改动。

五、电动建筑机械与手持式电动工具

1. 使用夯土机械注意事项

（1）夯土机械开关箱中的漏电保护器必须符合《施工现场临时用电安全技术规范》对潮湿场所选用漏电保护器的要求。

（2）夯土机械 PE 线的连接点不得少于 2 处。

（3）夯土机械的负荷线应采用耐气候型橡皮护套铜芯软电缆。

（4）使用夯土机械必须按规定穿戴防护用品，使用过程中应有专人调整电缆。电缆长度不应大于 50 m。电缆严禁缠绕、扭结和被夯土机械跨越。

（5）多台夯土机械并列工作时，其间距不得小于 5 m；前后工作时，其间距不得小于 10 m。

（6）夯土机械的操作扶手必须绝缘。

2. 使用电焊设备注意事项

（1）电焊设备应放置在防雨、干燥和通风良好的地方。

（2）焊接现场不得有易燃易爆物品。

（3）交流弧焊机变压器的一次侧电源线长度不应大于 5 m，其电源进线处必须设置防护罩。

（4）发电机式直流电焊机的换向器应经常检查和维护，消除可能产生的异常电火花。

（5）交流电焊设备应配装防二次侧触电保护器，二次线应采用防水橡皮护套铜芯软电缆,电缆长度不应大于 30 m,不得采用金属构件或结构钢筋代替二次线的地线。

(6) 使用电焊设备焊接时必须按规定穿戴防护用品,严禁露天冒雨从事电焊作业。

3. 使用手持式电动工具注意事项

(1) 空气湿度小于 75% 的一般场所可选用 Ⅰ 类或 Ⅱ 类手持式电动工具,其金属外壳与 PE 线的连接点不得少于 2 处;除塑料外壳 Ⅱ 类手持式电动工具外,相关开关箱中漏电保护器的额定漏电动作电流不应大于 15 mA,额定漏电动作时间不应大于 0.1 s,其负荷线插头应具有专用的保护触头。所用插座和插头在结构上应保持一致,避免导电触头和保护触头混用。

(2) 在潮湿场所或金属构架上操作时,必须选用 Ⅱ 类手持式电动工具或由安全隔离变压器供电的 Ⅲ 类手持式电动工具。使用金属外壳 Ⅱ 类手持式电动工具时,必须符合《施工现场临时用电安全技术规范》第 9.6.1 条的规定;其开关箱和控制箱应设置在作业场所外面。在潮湿场所或金属构架上严禁使用 Ⅰ 类手持式电动工具。

(3) 狭窄场所必须选用由安全隔离变压器供电的 Ⅲ 类手持式电动工具,其开关箱和安全隔离变压器均应设置在狭窄场所外面,并连接 PE 线。漏电保护器的选择应符合《施工现场临时用电安全技术规范》有关使用于潮湿或有腐蚀介质场所漏电保护器的要求。操作过程中应设专人监护。

(4) 手持式电动工具的负荷线应采用耐气候型橡皮护套铜芯软电缆,且不得有接头。

(5) 手持式电动工具的外壳、手柄、插头、开关、负荷线等必须完好无损,使用前必须做好绝缘检查和空载检查工作,在绝缘合格、空载运转正常后方可使用。绝缘电阻不应小于表 9—6 规定的数值。

(6) 使用手持式电动工具,必须按规定穿戴防护用品。

表 9—6　　　　手持式电动工具绝缘电阻限值

测量部位	绝缘电阻（MΩ）		
	Ⅰ类	Ⅱ类	Ⅲ类
带电零件与外壳之间	2	7	1

注：绝缘电阻用 500 V 兆欧表测量。

（7）使用Ⅰ类手持式电动工具时，必须采用漏电保护器和安全隔离变压器，否则使用者必须戴绝缘手套、穿绝缘鞋或站在绝缘台（垫）上。

4. 使用其他工具注意事项

（1）移动有电源线的机械设备，如电焊机、水泵、小型木工机械等，必须先切断电源，不能带电搬动。

（2）对混凝土搅拌机械、钢筋加工机械、木工机械、盾构机械等设备进行清理、检查、维修时，必须将其开关箱分闸断电，并关门上锁。

六、施工现场照明

1. 一般规定

（1）在坑、洞、井内作业，夜间施工或厂房、道路、仓库、办公室、食堂、宿舍、料具堆放场及自然采光差的场所，应设一般照明、局部照明或混合照明。

在一个工作场所内，不得只装设局部照明。

停电后，操作人员须及时撤离施工现场，并装设自备电源的应急照明。

（2）现场照明应采用高光效、长寿命的照明光源。对需大面积照明的场所，应采用高压汞灯、高压钠灯或混光用的卤钨灯等。

（3）照明器的选择必须按下列环境条件确定：

1）正常湿度一般场所，选用密闭型防水照明器。

2）潮湿或特别潮湿的场所，选用密闭型防水照明器或配有防水灯头的开启式照明器。

3) 含有大量尘埃但无爆炸和火灾危险的场所，选用防尘型照明器。

4) 有爆炸和火灾危险的场所，按危险场所等级选用防爆型照明器。

5) 存在较强振动的场所，选用防振型照明器。

6) 有酸碱等强腐蚀介质的场所，采用耐酸碱型照明器。

（4）照明器具和器材的质量应符合国家现行有关强制性标准的规定，不得使用绝缘老化或破损的器具和器材。

（5）无自然采光的地下大空间施工场所，应编制单项照明用电方案。

2. 照明供电

（1）一般场所宜选用额定电压为 220 V 的照明器。

（2）下列特殊场所应使用安全特低电压照明器：

1) 隧道、人防工程、高温、有导电灰尘、比较潮湿或灯具离地面高度低于 2.5 m 等场所的照明，电源电压不应大于 36 V。

2) 潮湿和易触及带电体场所的照明，电源电压不应大于 24 V。

3) 特别潮湿的场所、导电良好的地面、锅炉或金属容器内的照明，电源电压不应大于 12 V。

（3）使用行灯应符合下列要求：

1) 电源电压不应大于 36 V。

2) 灯体与手柄应坚固、绝缘良好并耐热、耐潮湿。

3) 灯头与灯体结合牢固，灯头无开关。

4) 灯泡外部有金属保护网。

5) 金属网、反光罩、悬吊挂钩等固定在灯具的绝缘部位上。

（4）远离电源的小面积工作场地、道路照明、警卫照明或额定电压为 12～36 V 的照明场所，其电压允许偏移值为额定电压值的 −10%～5%；其余场所电压允许偏移值为额定电压值的

±5%。

(5) 照明变压器必须使用双绕组型安全隔离变压器，严禁使用自耦变压器。

(6) 照明系统宜使三相负荷平衡，其中每一个单相回路上，灯具和插座数量不宜超过 25 个，负荷电流不宜超过 15 A。

(7) 携带式变压器的一次侧电源线应采用橡皮护套或塑料护套软电缆，中间不得有接头，长度不宜超过 3 m，其中绿/黄双色线只可作 PE 线使用，电源插销应有保护触头。

(8) 工作零线截面应按下列规定选择：

1) 单相二线制及二相二线制线路中，零线截面与相线截面相同。

2) 三相四线制线路中，当照明器为白炽灯时，零线截面不小于相线截面的 50%；当照明器为气体放电灯时，零线截面按最大负载电流选择。

3) 在逐相切断的三相照明电路中，零线截面与最大负载相线截面相同。

(9) 室内、室外照明线路的敷设应符合《施工现场临时用电安全技术规范》第 7 章的规定。

3. 照明装置

(1) 照明灯具的金属外壳必须与 PE 线相连接，照明开关箱内必须装设隔离开关、短路与过载保护器和漏电保护器，并应符合《施工现场临时用电安全技术规范》的规定。

(2) 室外 220 V 灯具距离地面不得低于 3 m，室内 220 V 灯具距离地面不得低于 2.5 m。

普通灯具与易燃物的距离不宜小于 300 mm；聚光灯、碘钨灯等高热灯具与易燃物的距离不宜小于 500 mm，且不得直接照射易燃物。达不到规定的安全距离时，应采取隔热措施。

(3) 路灯的每个灯具应单独装设熔断器，灯头线应做防水弯。

(4) 荧光灯管应采用管座固定或用吊链悬挂，荧光灯的镇流器不得安装在易燃物上。

(5) 碘钨灯及钠、铊、铟等金属卤化物灯具的安装高度宜在 3 m 以上，灯线应固定在杆线上，且不得靠近灯具表面。

(6) 投光灯的底座应安装牢固，并按需要的光轴方向将枢轴拧紧固定。

(7) 螺纹口灯头及其接线应符合下列要求：

1) 灯头的绝缘外壳无损伤、无漏电。

2) 相线接在与中心触头相连的一端，零线接在与螺纹口相连的一端。

(8) 灯具内的接线必须牢固，灯具外的接线必须做可靠的防水绝缘包扎。

(9) 暂设工程的照明灯具宜采用拉线开关控制，开关安装位置应符合下列要求：

1) 拉线开关距地面高度为 2～3 m，与出入口的水平距离为 0.15～0.2 m。拉线的出口应向下。

2) 其他开关距地面高度为 1.3 m，与出入口的水平距离为 0.15～0.2 m。

(10) 灯具的相线须由开关控制，不得将相线直接引入灯具。

(11) 对于夜间影响飞机或车辆通行的在建工程及机械设备，必须安装设置醒目的红色信号灯。其电源应设在施工现场电源总开关前侧，并应设置外电线路，切断应急自备电源。

(12) 不得在宿舍内乱接乱拉电源，非专职电工不得更换熔丝，不得以其他金属丝代替熔丝。

(13) 严禁在电线上晾衣服或其他东西。

第十章

建筑施工安全事故知识

导致建筑施工安全事故的原因十分复杂,对其加以正确认识非常重要。做好事故的报告救援工作,对降低事故伤害程度、防止次生事故发生意义重大。事故教训是用鲜血和生命换来的,必须认真吸取;事故的调查处理是极其严肃的问题,必须认真对待,查明原因、追究责任、举一反三、落实措施,进而避免事故的重复发生。

第一节 事故及其分类

生产经营活动中发生的造成人身伤亡或者直接经济损失的意外事件,称为生产安全事故。其中,发生的人身伤害、急性中毒事故,称为伤亡事故。

一、生产安全事故分类

1. 按伤害程度分类

依据《企业职工伤亡事故分类标准》(GB 6441—1986)的规定,按照事故给受伤害者带来的伤害程度及其劳动能力丧失程度,可将事故分为轻伤、重伤和死亡三种类型。

(1) 轻伤事故。指损失工作日低于 105 日的失能伤害事故。

(2) 重伤事故。指造成职工肢体残缺或视觉、听觉等器官受到严重损伤,一般能导致人体功能障碍长期存在的,或损失工作日等于和超过 105 日(小于 6 000 日),劳动力有重大损失的失能伤害事故。

(3) 死亡事故。指事故发生后当即死亡(含急性中毒死亡)或负伤后在 30 日内死亡的事故。死亡的损失工作日为 6 000 日。

2. 按事故类别分类

依据《企业职工伤亡事故分类标准》(GB 6441—1986)的规定,按事故类别即按致害原因进行分类共有 20 类,分别如下:

(1) 物体打击。指失控物体的惯性力造成的人身伤害事故。

(2) 车辆伤害。指本企业机动车辆引起的机械伤害事故。

(3) 机械伤害。指机械设备或工具引起的绞、碾、碰、割、戳、切等伤害,但不包括车辆、起重设备引起的伤害。

(4) 起重伤害。指从事各种起重作业时发生的机械伤害事故,但不包括上下驾驶室时发生的坠落伤害和起重设备引起的触电以及检修时制动失灵引起的伤害。

(5) 触电。由于电流流经人体导致的生理伤害。

(6) 淹溺。由于水大量经口、鼻进入肺内,导致呼吸道阻塞,发生急性缺氧而窒息死亡的事故。包括船舶、排筏在航行、停泊、作业时发生的落水事故。

(7) 灼烫。指强酸、强碱溅到身体上引起的灼伤,或因火焰引起的烧伤,高温物体引起的烫伤,放射线引起的皮肤损伤等事故;不包括电烧伤及火灾事故引起的烧伤。

(8) 火灾。指造成人身伤亡的企业火灾事故。不包括非企业原因造成的、属消防部门统计的火灾事故。

(9) 高处坠落。指由于危险重力势能差引起的伤害事故。包括脚手架、平台、陡壁施工等场合发生的坠落事故,也包括踏空失足坠入洞、沟、升降口、漏斗等引起的伤害事故。

(10) 坍塌。指建筑物、构筑物、堆置物等倒塌以及土石塌方引起的事故。不包括矿山冒顶片帮事故及因爆炸、爆破引起的坍塌事故。

(11) 冒顶片帮。指矿井工作面、巷道侧壁由于支护不当、压力过大造成的坍塌（片帮）以及顶板垮落（冒顶）事故。包括从事矿山、地下开采、掘进或其他坑道作业时发生的坍塌事故。

(12) 透水。指从事矿山、地下开采或其他坑道作业时，意外水源带来的伤亡事故。不包括地面水害事故。

(13) 放炮。指由于放炮作业引起的伤亡事故。

(14) 瓦斯爆炸。指可燃性气体瓦斯、煤尘与空气混合形成的达到燃烧极限的混合物接触火源时引起的化学性爆炸事故。

(15) 火药爆炸。指火药与炸药在生产、运输、储藏过程中发生的爆炸事故。

(16) 锅炉爆炸。指锅炉发生的物理性爆炸事故。包括使用工作压力大于 0.07 MPa、以水为介质的蒸汽锅炉，但不包括铁路机车、船舶上的锅炉以及列车电站和船舶电站的锅炉。

(17) 受压容器爆炸。指压力容器破裂引起的气体爆炸（物理性爆炸）以及容器内盛装的可燃性液化气在容器破裂后立即蒸发，与周围空气混合形成的爆炸性气体混合物遇到火源时产生的化学性爆炸。

(18) 其他爆炸。可燃性气体煤气、乙炔等与空气混合形成的爆炸；可燃蒸汽与空气混合形成的爆炸性气体混合物引起的爆炸；可燃性粉尘以及可燃性纤维与空气混合形成的爆炸性气体混合物引起的爆炸；间接形成的可燃气体与空气相混合，或者可燃蒸汽与空气相混合遇火源引起的爆炸；炉膛爆炸，钢水包、亚麻粉尘爆炸等亦属其他爆炸。

(19) 中毒和窒息。指人体接触有毒物质或吸入有毒气体引起的急性中毒事故，或在通风不良的作业场所，由于缺氧有时会发生突然晕倒甚至窒息死亡的事故。

(20) 其他伤害。指上述范围之外的伤害事故，如扭伤、跌伤、冻伤、野兽咬伤等。

二、生产安全事故分级

根据《生产安全事故报告和调查处理条例》及住房和城乡建设部印发的《关于进一步规范房屋建筑和市政工程生产安全事故报告和调查处理工作的若干意见》，按照生产安全事故造成的人员伤亡或者直接经济损失情况，建筑施工安全事故分为特别重大事故、重大事故、较大事故和一般事故四个等级：

（1）特别重大事故，是指造成 30 人以上死亡，或者 100 人以上重伤（包括急性工业中毒，下同），或者 1 亿元以上直接经济损失的事故。

（2）重大事故，是指造成 10 人以上 30 人以下死亡，或者 50 人以上 100 人以下重伤，或者 5 000 万元以上 1 亿元以下直接经济损失的事故。

（3）较大事故，是指造成 3 人以上 10 人以下死亡，或者 10 人以上 50 人以下重伤，或者 1 000 万元以上 5 000 万元以下直接经济损失的事故。

（4）一般事故，是指造成 3 人以下死亡，或者 10 人以下重伤，或者 1 000 万元以下直接经济损失的事故。

三、建筑业多发事故类别

通过对近年来我国建筑业事故统计资料分析得知，主要存在高处坠落、物体打击、触电、机械伤害和坍塌这五个事故类别。其发生部位和原因主要有：

（1）高处坠落。主要发生在以下作业地点：屋面、阳台、楼板等临边处，预留洞口、电梯井口、脚手架、模板。此外，还包括塔式起重机、物料提升机等起重机械的安装、拆卸作业。

（2）物体打击。主要发生在同一垂直作业面的交叉作业中，受到上方坠落物体的打击。

（3）触电。事故发生的原因主要包括：对外电线路缺乏保护；未执行三级配电两级保护，未安装漏电保护器或漏电保护器失灵，未按规定进行接地或接零；机械、设备漏电；线缆破损、老化；照明未使用安全电压等。

（4）机械伤害。主要发生在起重机械和钢筋加工、混凝土搅拌、木材加工等机械设备作业过程中，对操作者或相关人员造成的伤害。

（5）坍塌。主要是指施工基坑（槽）、边坡、基础桩壁坍塌，模板支撑系统失稳坍塌，施工现场临时建筑（包括施工围墙）、在建工程、物料坍塌，脚手架失稳坍塌等。坍塌事故一旦发生，极易造成群死群伤。

第二节 事故报告

一、事故报告时限

1. 施工单位报告时限

事故发生后，事故现场有关人员应当立即向施工单位负责人报告；施工单位负责人接到报告后，应当于1小时内向事故发生地县级以上人民政府建设主管部门和有关部门报告。

情况紧急时，事故现场有关人员可以直接向事故发生地县级以上人民政府建设主管部门和有关部门报告。

实行施工总承包的建设工程，由总承包单位负责上报事故。

2. 建设主管部门报告时限

建设主管部门接到事故报告后，应当依照下列规定上报事故情况，并通知安全生产监督管理部门、公安机关、劳动保障行政主管部门、工会和人民检察院：

（1）较大事故、重大事故及特别重大事故逐级上报至国务院建设主管部门。

（2）一般事故逐级上报至省、自治区、直辖市人民政府建设主管部门。

（3）建设主管部门依照相关规定上报事故情况，并同时报告本级人民政府。国务院建设主管部门接到重大事故和特别重大事故的报告后，应当立即报告国务院。

必要时，建设主管部门可以越级上报事故情况。

建设主管部门依照相关规定逐级上报事故情况时，每级上报时间不得超过2小时。

二、事故报告内容

建筑施工事故报告一般应当包括下列内容：

（1）事故发生的时间、地点和工程项目、有关单位名称。

（2）事故的简要经过。

（3）事故已经造成或者可能造成的伤亡人数（包括下落不明的人数）和初步估计的直接经济损失。

（4）事故的初步原因。

（5）事故发生后采取的措施及事故控制情况。

（6）事故报告单位或报告人员。

（7）其他应当报告的情况。

事故报告应当及时、准确、完整，任何单位和个人对事故不得迟报、漏报、谎报或者瞒报。事故报告后出现新情况，以及自事故发生之日起30日内伤亡人数发生变化的，应当及时补报。

三、事故现场应急处理

事故发生单位负责人接到事故报告后，应当立即启动事故响应应急预案，或者采取有效措施，组织抢救，防止事故扩大，减少人员伤亡和财产损失。同时应当妥善保护事故现场以及相关证据，任何单位和个人不得破坏事故现场、毁灭相关证据。因抢救人员、防止事故扩大以及疏导交通等原因，需要移动事故现场物件的,应当作出标志,绘制现场简图并做好书面记录,妥善保存现场的重要痕迹、物证,有条件的可以拍照或录像。

第三节 事故调查处理

事故调查处理应当坚持实事求是、尊重科学的原则,及时、准确地查清事故经过、事故原因和事故损失,查明事故性质,认定事故责任,总结事故教训,提出整改措施,并对事故责任者依法追究责任。

一、事故调查

当前,生产安全事故由人民政府负责组织调查。按照有关人民政府的授权或委托,建设主管部门组织事故调查组对建筑施工生产安全事故进行调查。特别重大事故由国务院或者国务院授权有关部门组织事故调查组进行调查。重大事故、较大事故、一般事故分别由事故发生地省级人民政府、设区的市级人民政府、县级人民政府负责调查。

根据事故的具体情况,事故调查组由有关人民政府、安全生产监督管理部门、负有安全生产监督管理职责的有关部门、监察机关、公安机关以及工会派人组成,并应当邀请人民检察院派人参加。事故调查组负责核实事故项目基本情况,查明事故原因,认定事故性质,明确事故责任单位和责任人员,提出处理建议,提交事故调查报告。

二、事故分析

事故分析的目的主要是为了弄清事故情况,从思想、管理和技术等方面查明事故原因,分清事故责任,提出有效的改进措施,从中吸取教训,防止类似事故重复发生。对一起事故的原因进行详细分析,通常有两个层次,即直接原因和间接原因。

1. 事故的直接原因

根据《企业职工伤亡事故调查分析规则》的规定,事故的直接原因是指机械、物质或环境的不安全状态和人的不安全行为。

机械、物质或环境的不安全状态具体包括防护、保险、信号等装置缺乏或有缺陷,设备、设施、工具、附件有缺陷,个人防护用品用具缺乏或有缺陷,生产(施工)场地环境不良四个方面。人的不安全行为主要包括:

(1) 操作错误,忽视安全,忽视警告。

(2) 造成安全装置失效。

(3) 使用不安全设备。

(4) 以手代替工具操作。

(5) 物品(指成品、半成品、材料、工具、切屑和生产用品等)存放不当。

(6) 冒险进入危险场所。

(7) 攀、坐不安全位置(如平台护栏、汽车挡板、吊车吊钩等)。

(8) 在起吊物下作业、停留。

(9) 机器运转时进行加油、修理、检查、调整、焊接、清扫等工作。

(10) 有分散注意力的行为。

(11) 在必须使用个人防护用品用具的作业或场所中,忽视其使用。

(12) 不安全装束。

(13) 对易燃易爆等危险物品处理错误等。

2. 事故的间接原因

(1) 技术和设计有缺陷。工业构件、建筑物、机械设备、仪器仪表、工艺过程、操作方法、维修检验等的设计,施工和材料使用存在问题。

(2) 教育培训不够，未经培训，缺乏或不懂安全操作技术知识。
(3) 劳动组织不合理。
(4) 对现场工作缺乏检查或指导错误。
(5) 没有安全操作规程或安全操作规程不健全。
(6) 没有或不认真落实事故防范措施，对事故隐患整改不力等。

三、事故处理

负责事故调查的人民政府按照规定的时限对事故调查报告作出批复；有关机关应当按照人民政府的批复，依照法律、行政法规规定的权限和程序，对事故发生单位和有关人员进行行政处罚，对负有事故责任的国家工作人员进行处分。对负有事故责任人员涉嫌犯罪的，依法追究刑事责任。

第四节 事故报告调查处理法律责任

依照《生产安全事故报告和调查处理条例》的规定，在事故报告和调查处理中，事故发生单位有关人员有下列行为之一的，对主要负责人、直接负责的主管人员和其他直接责任人员处上一年年收入60%～100%的罚款；构成违反治安管理行为的，由公安机关依法给予治安管理处罚；构成犯罪的，依法追究刑事责任：
(1) 谎报或者瞒报事故的。
(2) 伪造或者故意破坏事故现场的。
(3) 转移、隐匿资金、财产，或者销毁有关证据、资料的。
(4) 拒绝接受调查或者拒绝提供有关情况和资料的。
(5) 在事故调查中作伪证或者指使他人作伪证的。

(6) 事故发生后逃匿的。

第五节　建筑施工安全事故案例分析

随着建设工程向高、大、深、新发展，建筑施工难度日益加大。建筑业的超常规发展，导致建筑劳务整体素质下降。一些建筑施工企业安全生产法制意识淡薄，重效益、轻安全，忽视安全生产教育培训、安全技术措施的制定审批以及交底和实施工作，安全设施投入不足，安全生产检查、监督、整改不到位，施工现场事故隐患增加，伤亡事故时有发生。

一、高处坠落事故案例

1. 事故概况

2002年6月7日，在某中建局承建的厂房工地上，经项目经理冯某安排，安装班组宁某（班长）、李某等4人进行C厂房B区铺设冷却塔网格板工作。18时15分，4名操作人员同抬一块网格板（177.4 cm×99 cm×4 cm）进行铺设，当抬最后一道网格板时，宁某与一名操作人员朝前走，李某与另一名操作人员朝后退。由于李某未注意到身后有铺设网格板（见图10—1）的空当，往后退时一脚踩空，从高空坠落到地面（高度为139 m）。在坠落过程中，同时拉断身体所系安全带（见图10—2）上的安全绳（此安全绳有两根，只悬挂了一根）。事故发生后，现场班组其他职工立即将李某送往医院，终因李某伤势过重，经抢救无效死亡。

2. 事故原因分析

（1）直接原因。李某安全意识淡薄，自我保护意识差。明知身后的网格板未铺完，属临边作业，注意力仍不集中，后退时踩空坠落。

图 10—1 铺网格板时发生的事故

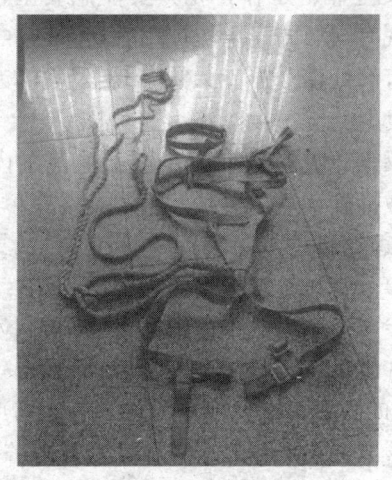

图 10—2 安全带

同时李某未正确使用安全带,此安全绳有两根,只悬挂了一根,违反了安全管理规定(安全技术交底),且未对自己使用的安全带进行检查,使用了有烫伤缺陷的安全带。

(2)间接原因。项目部安全检查不力,对施工现场安全防护用品的使用缺乏管理和监督,对危险性较大的作业缺少安全监护,是造成本次事故的间接原因。

(3) 主要原因。当事人李某安全意识差，未正确使用安全带。现场安全检查监督不力，是造成本次事故的主要原因。

3. 事故预防及控制措施

(1) 对全体职工进行安全教育和操作规程培训，增强自我保护及安全防范意识，正确使用个人安全防护用品。

(2) 对施工现场所有安全防护用品进行全面检查，不合格品全部做报废处理，确保使用合格的安全防护用品。

(3) 规定每个操作者在工作前对自己的安全防护用品进行检查，按规定佩戴，工长做好安排工作后的检查工作，安全员做好施工过程中的安全监督工作，尤其要注意安全带，防止被火烫损、烧损，发现有损坏的安全防护用品立即更换。

(4) 对所有高处作业派专人进行现场监护，确保施工安全，并形成安全制度。

(5) 举一反三，吸取教训，在全工地范围内开展反违章活动，并制定有效措施，避免再次发生各类事故。

4. 事故处理结果

(1) 本次事故直接经济损失约为17万元。

(2) 事故发生后，事故单位根据事故调查小组的意见，对本次事故相关责任者进行了相应处理：

1) 项目经理梁某，施工现场检查不力，对职工安全意识教育不够，对本次事故负有领导责任，给予行政警告和罚款处分。

2) 安装班班长宁某，在同抬一块网格板过程中，发现李某临边作业而未予以提醒，监督不力，对本次事故负有一定责任，给予行政警告和罚款处分。

3) 工长殷某，对安装班缺乏交底后落实情况的检查，对本次事故负有管理责任，给予行政警告和罚款处分。

4) 安全员池某，对施工现场日常检查监督不力，对本次事故负有一定责任，给予行政警告和罚款处分。

5) 职工李某，安全意识差，对有烫损缺陷的安全带疏于检查且在作业时未正确使用，对本次事故负有主要责任，但鉴于李某已在事故中死亡，故免予责任追究。

二、机械伤害事故案例

1. 事故概况

2002年2月27日，在上海某基础公司总承包、某建设承包公司分包的轨道交通某车站工程工地上，分承包单位进行桩基旋喷加固施工。5时30分左右，回号桩机（井架式旋喷桩机）机操工工某，辅助工冯某、孙某3人在C8号旋喷桩桩基施工时，辅助工孙某发现桩机框架上部6m处油管接头漏油，在未停机的情况下，由地面爬至框架上部排除油管漏油故障（桩机框架内径650 mm×350 mm）。由于雨天湿滑，孙某爬上机架后不慎滑落于框架内，被正在提升的内压铁挤压致伤。事故发生后，地面施工人员立即爬上机架将孙某救下，并送往医院急救，终因抢救无效，孙某于当日7时死亡。相关情况如图10—3和图10—4所示。

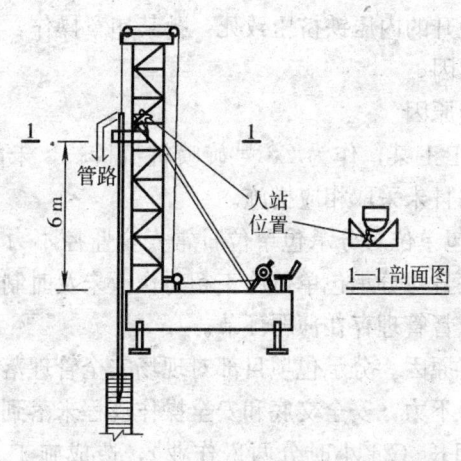

图10—3 机械伤害事故示意图

图 10—4　C8 号桩机伤害事故现场

2. 事故原因分析

（1）直接原因。辅助工孙某在未停机的状态下，擅自爬上机架排除油管漏油故障，因雨天湿滑，身体滑落于井架式桩机框架内，被正在提升的内压铁挤压致死。孙某违章操作，是造成本次事故的直接原因。

（2）间接原因

1）机操工工某，作为 C8 号旋喷桩机机长，未能及时发现异常情况，并且未采取相应措施。

2）总承包单位对分承包单位日常安全监控不力，安全教育深度不够，并且对分承包单位施工超时作业未及时制止，对分承包队伍现场监督管理存在薄弱环节。

（3）主要原因。分承包项目部对现场安全管理落实不力，对职工安全教育不力，安全交底和安全操作规程未落到实处；施工人员工作时间长（24 小时分两班作业），造成施工人员身心疲惫、反应迟缓，是造成本次事故的主要原因。

3. 事故预防及控制措施

(1) 工程暂停施工，进行全面整顿。

(2) 事故发生后，立即通报全体职工，总、分包公司召开会议通报事故发生经过，并在事故现场召开全体员工紧急会议，进行安全生产规章制度教育和稳定职工情绪，以增强全体职工安全生产、自我保护和遵章守纪意识。

(3) 立即组织项目现场负责人、安全员等有关人员对施工现场的施工用电、各种机械设备及相关设施等进行安全大检查，对查出的安全隐患定人、定时、定措施进行整改。杜绝漏洞，防止发生类似事故。

(4) 对全体管理人员、施工人员按"四不放过"原则进行专题教育，吸取事故教训。组织项目全体职工和管理人员认真学习《建筑机械使用安全技术规程》（JGJ 33—2001），认真落实施工安全技术交底，杜绝违章作业，合理安排工人作息时间。

4. 事故处理结果

(1) 本次事故直接经济损失约为155万元。

(2) 事故相关单位根据事故联合调查小组的调查分析、建议，对有关责任人作出以下处理：

1）分承包单位项目负责人顾某，管理不力，措施不到位，对本次事故负有管理责任，予以行政警告处分，并进行经济处罚。

2）分承包单位项目施工人员宋某，作息时间安排不合理，安全管理未落到实处，对本次事故负有管理责任，予以行政记过处分，并进行经济处罚。

3）分承包单位旋喷桩机机长工某，未能及时发现和制止违章作业，对本次事故负有不可推卸的责任，予以开除公职处分，并进行经济处罚。

4）总承包单位项目经理张某，对施工现场安全管理不力，对本次事故负有管理责任，予以行政口头警告处分，并处以罚款。

5）辅助工孙某，违章作业，在未停机的状态下，擅自爬上机架排除油管漏油故障，对本次事故负有一定责任，鉴于孙某已在事故中死亡，故不予责任追究。

三、触电事故案例

1. 事故概况

2002年10月1日，在上海某建筑公司承建的某别墅小区工地上，项目部钢筋班班长罗某和班组其他成员一起在F型38号房绑扎基础底板钢筋，并进行固定柱子钢筋的施工作业。因用斜撑固定柱子钢筋较麻烦，钢筋工张某（死者）就擅自把电焊机装在架子车上拉到基坑内，停放在基础底板钢筋网架上，然后将电焊机一侧电缆线插头插进开关箱插座，准备用电焊机固定柱子钢筋。张某把电焊机焊把线拉开后，发现焊把到柱子的距离不够，于是就把焊把线放在底板钢筋网架上，将电焊机二次侧接地电缆缠绕在小车扶手上，并把接地连接钢板搭在车架上。当脚穿破损鞋子的张某双手握住车扶手去拉架子车时，遭电击受伤倒地。事故发生后，现场负责人立即将张某送往医院，终因张某伤势过重，经抢救无效死亡。相关情况如图10—5和图10—6所示。

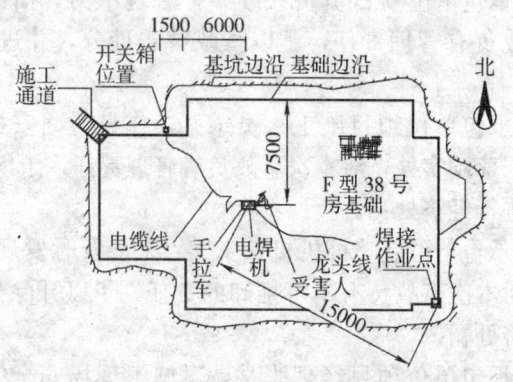

图10—5　钢筋焊接触电事故现场示意图

图10—6 搭绕在车架上的电焊机二次侧
接地电缆及接地连接钢板

2. 事故原因分析

(1) 直接原因。钢筋班组工人张某在移动电焊机时,未切断电焊机一次侧电源,把焊把线放在钢筋网架上,将接地连接钢板搭在车架上,在空载电压作用下,经接地连接钢板、车架、人体、钢筋、焊把线形成通电回路,而张某鞋底破损且不绝缘,是造成本次事故的直接原因。

(2) 间接原因。职工未按规定穿着个人安全防护用品,自我保护意识差,项目部对施工机具缺乏专人管理,对作业人员缺乏具有针对性的安全技术交底,是造成本次事故的间接原因。

(3) 主要原因。项目部未按规定对电焊机配置二次空载降压保护装置,在基础等潮湿部位施工未采取防止触电的有效措施,使用前也未按规定对电焊机进行验收,致使存在安全隐患的机具直接投入施工,张某无证违章作业,是造成本次事故的主要原因。

3. 事故预防及控制措施

(1) 严格执行施工机具管理制度,对投入使用的机械设备必须进行验收,杜绝存在安全隐患的机具投入使用。

(2) 施工现场必须编制详尽的临时用电施工组织设计计划，明确重点，落实专人负责检查、检验、维修等工作。

(3) 加强对职工的教育和培训，增强自我保护意识，按规定配备个人安全防护用品并在工作中正确使用。

(4) 加大对施工现场危险作业的安全检查和监控力度，发现违章指挥、违章作业及时制止。

4. 事故处理结果

(1) 本次事故直接经济损失约为16万元。

(2) 事故发生后，施工单位根据事故调查小组的意见，对本次事故有关责任者进行了相应处理：

1) 公司分管经理徐某，对项目部安全生产管理不力，对本次事故负有管理责任，责令其作出深刻的书面检查，并处以罚款。

2) 项目经理胡某，对施工现场安全管理制度落实不力，对本次事故负有领导责任，给予罚款处分。

3) 安全员杨某，在检查、检验工作中存在不足，对本次事故负有管理责任，给予罚款处分。

4) 施工员陆某，对职工安全技术交底缺乏针对性，对本次事故负有管理责任，给予罚款处分。

5) 电工班班长金某，对用电设备检查、维修不力，对本次事故负有一定责任，给予罚款处分。

6) 钢筋班班长罗某，对职工安全技术交底的落实缺乏监督，对本次事故负有一定责任，给予罚款处分。

7) 钢筋工张某，未按规定穿着个人安全防护用品，自我保护意识差，对本次事故负有重要责任，鉴于张某已死亡，故不予责任追究。

四、坍塌事故案例

1. 事故概况

2002年6月5日，在上海某发展总公司下属市政公司（无建筑施工资质）和某区建筑公司（资质二级）承接的某仓储厂房工程工地上，施工人员根据项目部的安排，在外脚手架上进行模板工程拆除作业。17时15分，几名工人在外脚手架上拆除3号房仓库圈梁和天沟模板支撑时，由于圈梁和天沟混凝土浇捣时间间隔过短，混凝土强度未达到施工规范要求，导致长60.48 m、高0.6 m、宽0.25 m的混凝土圈梁和天沟突然向外倾倒坍塌，从4.75 m高的外墙上坍塌落下，将部分脚手架和数名作业人员压在梁下。事故发生后，虽经现场负责人、职工以及医院多方极力抢救，但仍旧造成了两死两伤的重大伤亡事故。相关情况如图10—7所示。

图10—7 圈梁和天沟因拆模时间过早而坍塌（压死2人）

2. 事故原因分析

（1）直接原因

1）施工单位未按施工规范和施工图样进行施工。

2）仓库圈梁和天沟拆模时间过早，导致拆模时混凝土强度过低。该混凝土是2002年5月30日浇捣的，6月5日就拆模，明显违反有关施工规范的规定。

3）砂浆强度偏低，混凝土保护层厚度不匀。

（2）间接原因

1) 公司未按规定办理建设工程所需的一切手续，逃避有关部门的审批，违规、违法设计和施工。

2) 施工现场管理混乱，无安全管理人员，无作业规程，无施工组织设计，无安全防护措施，更无安全技术交底，以致重大事故隐患未能及时发现和处理。

(3) 主要原因。施工单位违反施工操作程序，施工质量低劣；公司未按规定办理审批手续；违法设计、施工，是造成本次事故的主要原因。

3. 事故预防及控制措施

(1) 责令施工单位停止施工，加强对停工后的现场管理，落实专人进行看护。镇政府立即开展违章用地、违章建筑大检查，发现问题，采取果断措施坚决制止，从源头上杜绝违章。

(2) 监督建设单位必须按照国家有关法律、法规办理必要的相关手续。必须坚持科学的态度和安全第一的原则，防止出现片面追求进度、经济效益而忽视安全生产的现象；施工单位对危险性较大的生产作业和工程项目施工方案必须进行严密计算和科学论证，把好审核、审批关。必须按照施工方案和规定程序进行施工，确保各项安全技术措施落到实处。

(3) 总公司必须加强对施工单位的管理，责成施工单位建立严格的安全操作规程和质量保证体系。教育职工严格遵守安全生产规章制度和操作规程，不得违章指挥、违章作业、凭经验办事。对危险性较大的工程施工，要建立组织指挥系统，明确各方职责，并落实到人。

(4) 工程承发包要严格执行市场准入制度，对承包单位必须进行资质审查，特种作业人员必须持证上岗，杜绝超资质、超范围承包工程。

(5) 有关各方领导干部要认真吸取事故教训，落实区政府事故现场会的要求，制订整改计划，落实整改措施，增强安全责任意识，坚持安全第一的原则，杜绝事故重复发生。

4. 事故处理结果

(1) 本次事故直接经济损失约为 50 万元。

(2) 通过事故调查和分析,相关部门对事故责任者作出以下处理:

1) 施工工地主要负责人朱某,违法设计、施工,对本次事故负有直接责任,被人民法院判处 1 年零 6 个月有期徒刑。

2) 市政公司法人代表张某,在承接工程过程中,违反国家法律、法规,对本次事故负有重要责任,被公安局拘留 15 日。

五、物体打击事故案例

1. 事故概况

2002 年 8 月 24 日上午,在上海某建筑公司总包、某建筑有限公司分包的某高层工地上,分包单位外墙粉刷班力图操作方便,经班长丁某同意,拆除机房东侧外脚手架顶排朝下的密目网,搭设了操作小平台。10 时 50 分左右,粉刷工张某在取用粉刷材料时,觉得小平台上料口空当过大,便拿来一块 180 mm×20 mm×5 mm 的木板,准备放置在小平台空当上。在放置时,因木板后段绑着一根 20 号铁丝钩住了脚手架密目网,张某想用力甩掉铁丝,不料用力过大而失手,木板从 100 m 高度坠落,正好击中运送建筑垃圾至工地东北角建筑垃圾堆场的杨某脑部。事故发生后,相关人员立即将杨某送往医院,终因杨某伤势过重,经全力抢救无效,于 8 月 29 日 7 时 30 分死亡。相关情况如图 10—8 和图 10—9 所示。

2. 事故原因分析

(1) 直接原因。粉刷工在小平台上放置 180 mm×20 mm×5 mm 木板时,因用力过大而失手,导致木板从 100 m 高度坠落,击中运送建筑垃圾的清洁工杨某,是造成本次事故的直接原因。

(2) 间接原因

1) 分包单位管理人员未按施工实际情况落实安全防护措施,

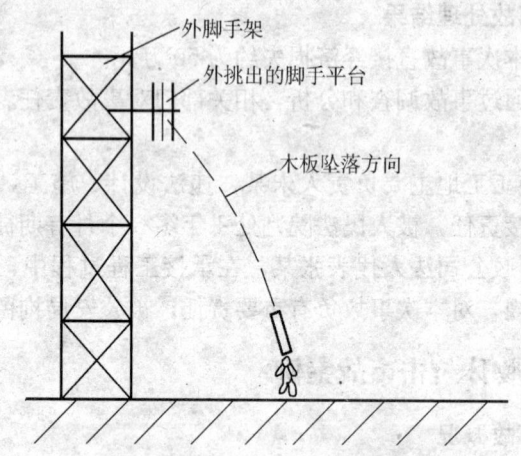

图 10—8　物体打击事故示意图

图 10—9　木板坠落模拟外形图

导致作业班组擅自搭设不符合规范的操作小平台。

2) 缺乏对作业人员的遵章守纪教育，且现场管理不力。

3) 总包单位对分包单位管理不严,对现场动态管理检查不力。

(3) 主要原因。外墙粉刷班班长擅自同意作业人员拆除脚手架密目网,违章在脚手架外侧搭设操作小平台,是造成本次事故的主要原因。

3. 事故预防及控制措施

(1) 分包单位召开全体管理人员和班组长参加的安全会议,通报事故情况,并进行安全意识和遵章守纪教育,重申有关规章制度,加强内部管理和建立相互监督检查制度,牢记血的教训,始终绷紧安全生产这根弦,消除隐患,杜绝各类事故发生。

(2) 分包单位决定清退肇事班组,其所在分队列为当年下半年C档队伍,半年内停止参加公司内部任务招投标。

(3) 总包单位召开全体员工大会,通报事故情况,并重申项目安全管理有关要求。组织有关人员对施工现场进行全面检查,对查出的事故隐患,按要求落实人员限期整改,并组织复查。

(4) 总包单位进一步加强对施工队伍的安全管理,加大监督力度。项目部要结合装饰装潢施工特点,安全员要做好专(兼)职安全监控人员组织工作,加大施工现场安全检查、巡视和执法力度,做到安全生产、文明施工。

4. 事故处理结果

(1) 本次事故直接经济损失约为178万元。

(2) 事故发生后,根据事故调查小组的意见,总、分包单位发文对本次事故相关责任者进行了相应处理:

1) 分包单位粉刷工张某,不慎将木板坠落,造成事故,对本次事故负有直接责任,决定给予公告除名,并处以罚款。

2) 分包单位外墙粉刷班班长丁某,违章操作,事发后又安排作业人员拆除操作小平台,对本次事故负有主要责任,决定给予公告除名,并处以罚款。

3) 分包单位项目施工负责人高某,默认施工班组违章搭设操作小平台，对本次事故负有管理责任，决定给予行政记过处分，并处以罚款。

4）分包单位项目负责人高某，平时缺乏对管理人员和作业人员的安全和纪律教育，对本次事故负有管理责任，决定给予行政警告处分，并处以罚款。

5）分包单位公司副经理金某，对项目管理缺乏安全生产考核，忽视对员工安全意识的培养，对本次事故负有管理责任，决定给予行政警告处分，并处以罚款。

6）总包单位项目部工作人员卫某，对本次事故负有管理责任，决定给予行政警告处分，并处以罚款。

7）总包单位项目部生产副经理张某，对本次事故负有管理责任，决定令其作出公开检查，并处以罚款。

8）总包单位项目部副经理孙某，对本次事故负有管理责任，决定令其作出公开检查，并处以罚款。

附录一
法律法规节选

1.《中华人民共和国宪法》

宪法是我国的根本法律，是整个法律体系的核心。现行的《中华人民共和国宪法修正案》于2004年3月14日第十届全国人民代表大会第二次会议通过。

第四十一条 中华人民共和国公民对于任何国家机关和国家工作人员，有提出批评和建议的权利；对于任何国家机关和国家工作人员的违法失职行为，有向有关国家机关提出申诉、控告或者检举的权利，但是不得捏造或者歪曲事实进行诬告陷害。

对于公民的申诉、控告或者检举，有关国家机关必须查清事实，负责处理。任何人不得压制和打击报复。

由于国家机关和国家工作人员侵犯公民权利而受到损失的人，有依照法律规定取得赔偿的权利。

第四十二条 中华人民共和国公民有劳动的权利和义务。

国家通过各种途径，创造劳动就业条件，加强劳动保护，改善劳动条件，并在发展生产的基础上，提高劳动报酬和福利待遇。

劳动是一切有劳动能力的公民的光荣职责。国有企业和城乡集体经济组织的劳动者都应当以国家主人翁的态度对待自己的劳动。国家提倡社会主义劳动竞赛，奖励劳动模范和先进工作者。国家提倡公民从事义务劳动。

国家对就业前的公民进行必要的劳动就业训练。

第四十三条 中华人民共和国劳动者有休息的权利。

国家发展劳动者休息和休养的设施，规定职工的工作时间和休假制度。

2.《中华人民共和国刑法》

现行的《中华人民共和国刑法修正案（七）》于2009年2月28日第十一届全国人民代表大会常务委员会第七次会议通过。

第一百三十四条 在生产、作业中违反有关安全管理的规定，因而发生重大伤亡事故或者造成其他严重后果的，处三年以下有期徒刑或者拘役；情节特别恶劣的，处三年以上七年以下有期徒刑。

强令他人违章冒险作业，因而发生重大伤亡事故或者造成其他严重后果的，处五年以下有期徒刑或者拘役；情节特别恶劣的，处五年以上有期徒刑。

第一百三十五条 安全生产设施或者安全生产条件不符合国家规定，因而发生重大伤亡事故或者造成其他严重后果的，对直接负责的主管人员和其他直接责任人员，处三年以下有期徒刑或者拘役；情节特别恶劣的，处三年以上七年以下有期徒刑。

举办大型群众性活动违反安全管理规定，因而发生重大伤亡事故或者造成其他严重后果的，对直接负责的主管人员和其他直接责任人员，处三年以下有期徒刑或者拘役；情节特别恶劣的，处三年以上七年以下有期徒刑。

第一百三十六条 违反爆炸性、易燃性、放射性、毒害性、腐蚀性物品的管理规定，在生产、储存、运输、使用中发生重大事故，造成严重后果的，处三年以下有期徒刑或者拘役；后果特别严重的，处三年以上七年以下有期徒刑。

第一百三十七条 建设单位、设计单位、施工单位、工程监理单位违反国家规定，降低工程质量标准，造成重大安全事故的，对直接责任人员，处五年以下有期徒刑或者拘役，并处罚金；后果特别严重的，处五年以上十年以下有期徒刑，并处罚金。

第一百三十九条 违反消防管理法规,经消防监督机构通知采取改正措施而拒绝执行,造成严重后果的,对直接责任人员,处三年以下有期徒刑或者拘役;后果特别严重的,处三年以上七年以下有期徒刑。

在安全事故发生后,负有报告职责的人员不报或者谎报事故情况,贻误事故抢救,情节严重的,处三年以下有期徒刑或者拘役;情节特别严重的,处三年以上七年以下有期徒刑。

3.《中华人民共和国建筑法》

《中华人民共和国建筑法》于 1997 年 11 月 1 日第八届全国人民代表大会常务委员会第二十八次会议通过,自 1998 年 3 月 1 日起施行。

第三十六条 建筑工程安全生产管理必须坚持安全第一、预防为主的方针,建立健全安全生产的责任制度和群防群治制度。

第三十七条 建筑工程设计应当符合按照国家规定制定的建筑安全规程和技术规范,保证工程的安全性能。

第三十八条 建筑施工企业在编制施工组织设计时,应当根据建筑工程的特点制定相应的安全技术措施;对专业性较强的工程项目,应当编制专项安全施工组织设计,并采取安全技术措施。

第三十九条 建筑施工企业应当在施工现场采取维护安全、防范危险、预防火灾等措施;有条件的,应当对施工现场实行封闭管理。

施工现场对毗邻的建筑物、构筑物和特殊作业环境可能造成损害的,建筑施工企业应当采取安全防护措施。

第四十条 建设单位应当向建筑施工企业提供与施工现场相关的地下管线资料,建筑施工企业应当采取措施加以保护。

第四十一条 建筑施工企业应当遵守有关环境保护和安全生产的法律、法规的规定,采取控制和处理施工现场的各种粉尘、废气、废水、固体废物以及噪声、振动对环境的污染和危害的措施。

第四十二条 有下列情形之一的,建设单位应当按照国家有关规定办理申请批准手续:

(一)需要临时占用规划批准范围以外场地的;

(二)可能损坏道路、管线、电力、邮电通讯等公共设施的;

(三)需要临时停水、停电、中断道路交通的;

(四)需要进行爆破作业的;

(五)法律、法规规定需要办理报批手续的其他情形。

第四十三条 建设行政主管部门负责建筑安全生产的管理,并依法接受劳动行政主管部门对建筑安全生产的指导和监督。

第四十四条 建筑施工企业必须依法加强对建筑安全生产的管理,执行安全生产责任制度,采取有效措施,防止伤亡和其他生产安全事故的发生。

建筑施工企业的法定代表人对本企业的安全生产负责。

第四十五条 施工现场安全由建筑施工企业负责。实行施工总承包的,由总承包单位负责。分包单位向总承包单位负责,服从总承包单位对施工现场的安全生产管理。

第四十六条 建筑施工企业应当建立健全劳动安全生产教育培训制度,加强对职工安全生产的教育培训;未经安全生产教育培训的人员,不得上岗作业。

第四十七条 建筑施工企业和作业人员在施工过程中,应当遵守有关安全生产的法律、法规和建筑行业安全规章、规程,不得违章指挥或者违章作业。作业人员有权对影响人身健康的作业程序和作业条件提出改进意见,有权获得安全生产所需的防护用品。作业人员对危及生命安全和人身健康的行为有权提出批评、检举和控告。

第四十八条 建筑施工企业必须为从事危险作业的职工办理意外伤害保险,支付保险费。

第四十九条 涉及建筑主体和承重结构变动的装修工程,建设单位应当在施工前委托原设计单位或者具有相应资质条件的设计单位提出设计方案；没有设计方案的，不得施工。

第五十条 房屋拆除应当由具备保证安全条件的建筑施工单位承担，由建筑施工单位负责人对安全负责。

第五十一条 施工中发生事故时，建筑施工企业应当采取紧急措施减少人员伤亡和事故损失，并按照国家有关规定及时向有关部门报告。

第五十二条 建筑工程勘察、设计、施工的质量必须符合国家有关建筑工程安全标准的要求，具体管理办法由国务院规定。

有关建筑工程安全的国家标准不能适应确保建筑安全的要求时，应当及时修订。

第五十三条 国家对从事建筑活动的单位推行质量体系认证制度。从事建筑活动的单位根据自愿原则可以向国务院产品质量监督管理部门或者国务院产品质量监督管理部门授权的部门认可的认证机构申请质量体系认证。经认证合格的，由认证机构颁发质量体系认证证书。

第五十四条 建设单位不得以任何理由，要求建筑设计单位或者建筑施工企业在工程设计或者施工作业中，违反法律、行政法规和建筑工程质量、安全标准，降低工程质量。

建筑设计单位和建筑施工企业对建设单位违反前款规定提出的降低工程质量的要求，应当予以拒绝。

4.《中华人民共和国劳动合同法》

《中华人民共和国劳动合同法》于 2007 年 6 月 29 日第十届全国人民代表大会常务委员会第二十八次会议通过，自 2008 年 1 月 1 日起施行。

第四条 用人单位应当依法建立和完善劳动规章制度，保障劳动者享有劳动权利、履行劳动义务。

用人单位在制定、修改或者决定有关劳动报酬、工作时间、休息休假、劳动安全卫生、保险福利、职工培训、劳动纪律以及劳动定额管理等直接涉及劳动者切身利益的规章制度或者重大事项时,应当经职工代表大会或者全体职工讨论,提出方案和意见,与工会或者职工代表平等协商确定。

在规章制度和重大事项决定实施过程中,工会或者职工认为不适当的,有权向用人单位提出,通过协商予以修改完善。

用人单位应当将直接涉及劳动者切身利益的规章制度和重大事项决定公示,或者告知劳动者。

5.《中华人民共和国安全生产法》

《中华人民共和国安全生产法》于2002年6月29日第九届全国人民代表大会常务委员会第二十八次会议通过,根据中华人民共和国主席令第70号公布,自2002年11月1日起施行。

第二十一条 生产经营单位应当对从业人员进行安全生产教育和培训,保证从业人员具备必要的安全生产知识,熟悉有关的安全生产规章制度和安全操作规程,掌握本岗位的安全操作技能。未经安全生产教育和培训合格的从业人员,不得上岗作业。

第二十二条 生产经营单位采用新工艺、新技术、新材料或者使用新设备,必须了解、掌握其安全技术特性,采取有效的安全防护措施,并对从业人员进行专门的安全生产教育和培训。

第二十三条 生产经营单位的特种作业人员必须按照国家有关规定经专门的安全作业培训,取得特种作业操作资格证书,方可上岗作业。

特种作业人员的范围由国务院负责安全生产监督管理的部门会同国务院有关部门确定。

6.《建设工程安全生产管理条例》

《建设工程安全生产管理条例》于2003年11月12日国务院第28次常务会议通过,根据中华人民共和国国务院令第393号公布,自2004年2月1日起施行。

第三十六条 施工单位的主要负责人、项目负责人、专职安全生产管理人员应当经建设行政主管部门或者其他有关部门考核合格后方可任职。

施工单位应当对管理人员和作业人员每年至少进行一次安全生产教育培训，其教育培训情况记入个人工作档案。安全生产教育培训考核不合格的人员，不得上岗。

第三十七条 作业人员进入新的岗位或者新的施工现场前，应当接受安全生产教育培训。未经教育培训或者教育培训考核不合格的人员，不得上岗作业。

施工单位在采用新技术、新工艺、新设备、新材料时，应当对作业人员进行相应的安全生产教育培训。

7.《特种设备安全监察条例》(2009年修正)

《国务院关于修改〈特种设备安全监察条例〉的决定》已经2009年1月14日国务院第46次常务会议通过，根据中华人民共和国国务院令第549号公布，自2009年5月1日起施行。

第三条 特种设备的生产（含设计、制造、安装、改造、维修，下同）、使用、检验检测及其监督检查，应当遵守本条例，但本条例另有规定的除外。

军事装备、核设施、航空航天器、铁路机车、海上设施和船舶以及矿山井下使用的特种设备、民用机场专用设备的安全监察不适用本条例。

房屋建筑工地和市政工程工地用起重机械、场（厂）内专用机动车辆的安装、使用的监督管理，由建设行政主管部门依照有关法律、法规的规定执行。

8.《建筑起重机械安全监督管理规定》

《建筑起重机械安全监督管理规定》于2008年1月8日建设部第145次常务会议讨论通过，根据中华人民共和国建设部令第166号公布，自2008年6月1日起施行。

第二十四条 建筑起重机械特种作业人员应当遵守建筑起重机械安全操作规程和安全管理制度，在作业中有权拒绝违章指挥和强令冒险作业，有权在发生危及人身安全的紧急情况时立即停止作业或者采取必要的应急措施后撤离危险区域。

第二十五条 建筑起重机械安装拆卸工、起重信号工、起重司机、司索工等特种作业人员应当经建设主管部门考核合格,并取得特种作业操作资格证书后,方可上岗作业。

省、自治区、直辖市人民政府建设主管部门负责组织实施建筑施工企业特种作业人员的考核。

特种作业人员的特种作业操作资格证书由国务院建设主管部门规定统一的样式。

附录二
建筑施工特种作业
操作资格证书样式

1. 封皮采用深绿色塑料对开，尺寸为 100 mm×75 mm，如附图 1 和附图 2 所示。

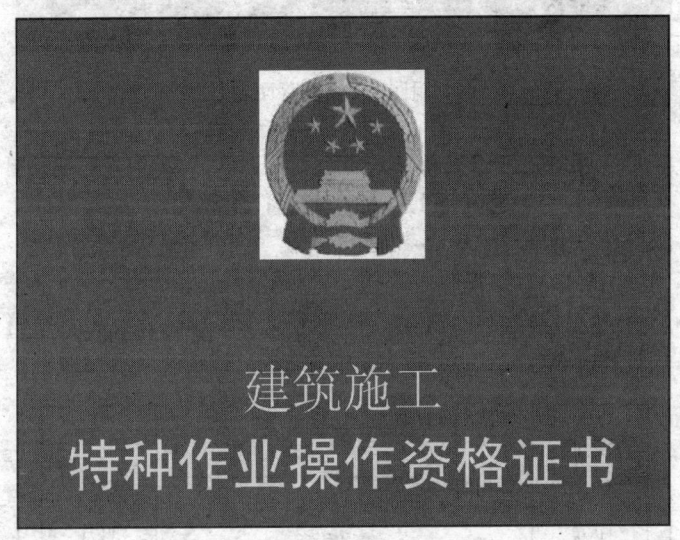

附图 1　封皮正面

2. 特种作业操作资格证书正本及副本均为纸质，正本加盖钢印和发证机关章后塑封，尺寸为 90 mm×60 mm，如附图 3 和附图 4 所示。

中华人民共和国住房和城乡建设部监制

附图 2 封皮背面

建筑施工特种作业操作资格证

证号

姓名＿＿＿＿＿＿＿ 身份证号＿＿＿＿＿＿＿＿

操作类别＿＿＿＿＿＿＿＿＿＿＿＿＿＿＿＿

| 发证机关印章 | 初次领证日期＿＿＿＿＿＿
使用期 自＿＿＿＿＿＿
　　　　 至＿＿＿＿＿＿
第一次复核＿＿＿＿＿＿ | 一寸
彩色
照片 |

附图 3 正本

建筑施工特种作业操作资格证副证

证号

姓名＿＿＿＿＿＿＿＿　身份证号＿＿＿＿＿＿＿＿＿＿

操作类别＿＿＿＿＿＿＿＿＿＿＿＿＿＿＿＿＿＿＿＿

第一次复核记录：　　　　　　第二次复核记录：

发证机关（盖章）　　　　　　发证机关（盖章）

附图 4　副本

附录三
建筑施工特种作业操作资格证书编号规则

1. 建筑施工特种作业操作资格证书编号共 14 位。其中：

(1) 第 1 位为持证人所在省（自治区、直辖市）简称，如山东省为"鲁"。

(2) 第 2 位为持证人所在地设区的市的英文代码，由各省自行确定。

(3) 第 3、4 位为工种类别代码，用 2 个阿拉伯数字标注。

(4) 第 5~8 位为发证年份，用 4 个阿拉伯数字标注。

(5) 第 9~14 位为证书序号，用 6 个阿拉伯数字标注，从 000001 开始。

2. 示例：鲁 A012008000001。

表示山东济南的建筑电工，2008 年取得证书，证书序列号为 000001。

3. 工种类别代码表（见附表 1）。

附表 1

序号	工种类别	代码
1	建筑电工	01
2	建筑架子工	02
3	建筑起重信号司索工	03

续表

序号	工种类别	代码
4	建筑起重机械司机	04
5	建筑起重机械安装拆卸工	05
6	高处作业吊篮安装拆卸工	06

附录四
施工现场常用安全标志

节选自《安全标志及其使用导则》(GB 2894—2008)

1. 禁止标志

编号	图形标志	名称	标志种类	设置范围和地点
1—1		禁止吸烟 No smoking	H	有甲、乙、丙类火灾危险物质的场所和禁止吸烟的公共场所等，如木工车间、油漆车间、沥青车间等
1—2		禁止烟火 No burning	H	有甲、乙、丙类火灾危险物质的场所，如面粉厂、煤粉厂、焦化厂、施工工地等
1—4		禁止用水灭火 No extinguishing with water	H, J	生产、储运、使用中有不准水灭火的物质的场所，如变压器室、乙炔站、化工药品库、各种油库等
1—5		禁止放置易燃物 No laying inflammable thing	H, J	具有明火设备或高温的作业场所，如动火区，各种焊接、切割、锻造、浇注车间等

续表

编号	图形标志	名称	标志种类	设置范围和地点
1—6		禁止堆放 No stocking	J	消防器材堆放处、消防通道及车间主通道等
1—7		禁止启动 No starting	J	暂停使用的设备附近，如设备检修、更换零件等
1—8		禁止合闸 No switching on	J	设备或线路检修时，相应开关附近
1—11		禁止乘人 No riding	J	乘人易造成伤害的设施，如室外运输吊篮、外操作载货电梯框架等
1—12		禁止靠近 No nearing	J	不允许靠近的危险区域，如高压试验区、高压线、输变电设备附近
1—13		禁止入内 No entering	J	易造成事故或对人员有伤害的场所，如高压设备室、各种污染源等入口处
1—15		禁止停留 No stopping	H，J	对人员具有直接危害的场所，如粉碎场地，危险路口、桥口等处

续表

编号	图形标志	名称	标志种类	设置范围和地点
1—16		禁止通行 No throughfare	H, J	有危险的作业区，如起重、爆破现场，道路施工工地等
1—17		禁止跨越 No striding	J	禁止跨越的危险地段，如专用的运输通道，带式运输机和其他作业流水线，作业现场的沟、坎、坑等
1—18		禁止攀登 No climbing	J	不允许攀爬的危险地点，如有坍塌危险的建筑物、构筑物、设备旁等
1—19		禁止跳下 No jumping down	J	不允许跳下的危险地点，如深沟、深地、车站站台及盛装过有毒物质、易产生窒息气体的槽车、储罐、地窖等处
1—24		禁止触摸 No touching	J	禁止触摸的设备或物体附近，如裸露的带电体、炽热物体，具有毒性、腐蚀性物体等处
1—27		禁止抛物 No tossing	J	抛物易伤人的地点，如高处作业现场、深沟（坑）等
1—28		禁止戴手套 No putting on gloves	J	戴手套易造成手部伤害的作业地点，如旋转的机器加工设备附近

188

续表

编号	图形标志	名称	标志种类	设置范围和地点
1—30		禁止穿钉鞋 No putting on spikes	H	有静电火花会导致灾害或有触电危险的作业场所，如有易燃易爆气体或粉尘的车间及带电作业场所
1—35		禁止游泳 No swimming	H	禁止游泳的水域

2. 警告标志

编号	图形标志	名称	标志种类	设置范围和地点
2—1		注意安全 Warning danger	H, J	易造成人员伤害的场所及设备
2—2		当心火灾 Warning fire	H, J	易发生火灾的危险场所，如可燃性物质的生产、储运、使用等地点
2—3		当心爆炸 Warning explosion	H, J	易发生爆炸危险的场所，如易燃易爆物质的生产、储运、使用或受压容器等地点
2—5		当心中毒 Warning poisoning	H, J	剧毒品及有毒物质（GB 12268—2005 中第6类第1项所规定的物质）的生产、储运、使用场所

189

续表

编号	图形标志	名称	标志种类	设置范围和地点
2—7		当心触电 Warning electric shock	J	有可能发生触电危险的电气设备和线路,如配电室、开关等
2—8		当心电缆 Warning cable	J	在暴露的电缆处施工的地点或地下有电缆处施工的地点
2—10		当心机械伤人 Warning mechanical injury	J	易发生机械卷人、碾压、剪切等机械伤人的作业地点
2—11		当心塌方 Warning collapse	H、J	有塌方危险的地段、地区,如堤坝及土方作业的深坑、深槽等
2—12		当心冒顶 Warning roof fall	H、J	具有冒顶危险的作业场所,如矿井、隧道等
2—13		当心坑洞 Warning hole	J	具有坑洞易造成伤害的作业地点,如构件的预留孔洞及各种深坑的上方等
2—14		当心落物 Warning falling objects	J	易发生落物危险的地点,如高处作业、立体交叉作业的下方等

续表

编号	图形标志	名称	标志种类	设置范围和地点
2—15		当心吊物 Warning overhead load	J，H	有吊装设备的作业场所，如施工工地、港口、码头、仓库、车间等
2—16		当心碰头 Warning overhead obstacles	J	易产生碰头的场所
2—18		当心烫伤 Warning scald	J	具有热源易造成伤害的作业地点，如冶炼、锻造、铸造、热处理车间等
2—19		当心伤手 Warning injure hand	J	易造成手部伤害的作业地点，如玻璃制品、木制加工车间、机械加工车间等
2—21		当心扎脚 Warning splinter	J	易造成脚部伤害的作业地点，如铸造车间、木工车间、施工工地及有尖角散料等处
2—32		当心车辆 Warning vehicle	J	厂内车、人混合行走的路段，道路的拐角处、平交路口；车辆出入较多的厂房、车库等出入口处
2—34		当心坠落 Warning drop down	J	易发生坠落事故的作业地点，如脚手架、高处平台、地面的深沟（池、槽）、建筑施工、高处作业场所等

续表

编号	图形标志	名称	标志种类	设置范围和地点
2—35		当心障碍物 Warning obstacles	J	地面有障碍物,绊倒易造成伤害的地点
2—36		当心跌落 Warning drop (fall)	J	易于跌落的地方,如楼梯、台阶等
2—37		当心滑倒 Warning slippery surface	J	地面易造成滑跌,如地面有油、冰、水等物质及滑坡处
2—38		当心落水 Warning falling into water	J	落水后可能产生淹溺的场所或部位,如城市河流、消防水池等

3. 指示标志

编号	图形标志	名称	标志种类	设置范围和地点
3—1		必须戴防护眼镜 Must wear protective goggles	H, J	对眼睛有伤害的各种作业场所和施工场所
3—2		必须佩戴遮光护目镜 Must wear opnque eye protection	J, H	存在紫外线、红外线、激光等光辐射的场所,如电气焊等

续表

编号	图形标志	名称	标志种类	设置范围和地点
3—3		必须戴防尘口罩 Must wear dustproof mask	H	具有粉尘的作业场所，如纺织清花车间、粉状物料拌料车间以及矿山凿岩处等
3—4		必须戴防毒面具 Must wear gas defence mask	H	具有对人体有害的气体、气溶胶、烟尘等作业场所，如散发有毒气体的地点或处理由毒物造成的事故现场
3—5		必须戴护耳器 Must wear ear protector	H	噪声超过 85 dB（A）的作业场所，如铆接车间、织布车间、射击、工程爆破、风动掘进等处
3—6		必须戴安全帽 Must wear safety helmet	H	头部易受外部伤害的作业场所，如矿山、建筑工地、伐木场、造船厂及起重吊装处等
3—8		必须系安全带 Must fastened safety belt	H，J	易发生坠落危险的作业场所，如高处建筑、修理、安装等地点
3—9		必须穿救生衣 Must wear life jacket	H，J	易发生溺水的作业场所，如船舶、海上工程结构物等
3—10		必须穿防护服 Must wear protective clothes	H	具有放射、微波、高温及其他需穿防护服的作业场所

续表

编号	图形标志	名称	标志种类	设置范围和地点
3—11		必须戴防护手套 Must wear protective gloves	H, J	易伤害手部的作业场所，如具有腐蚀、污染、灼烫、冰冻及触电危险的作业地点
3—12		必须穿防护鞋 Must wear protective shoes	H, J	易伤害脚部的作业场所
3—14		必须加锁 Must be locked	J	剧毒品、危险品库房等地点

4. 提示标志

编号	图形标志	名称	标志种类	设置范围和地点
4—1		紧急出口 Emergent exit	J	便于安全疏散的紧急出口处，与方向箭头结合设在紧急出口的通道、楼梯口等处
4—2		避险处 Haven	J	铁路桥、公路桥、矿井及隧道内躲避危险的地点
4—4		可动火区 Flare up region	J	经有关部门划定的可使用明火的地点

续表

编号	图形标志	名称	标志种类	设置范围和地点
4—6		急救点 First aid	J	设置现场急救仪器设备及药品的地点
4—7		应急电话 Emergency telephone	J	安装应急电话的地点

参考文献

[1] 住房和城乡建设部工程质量安全监管司. 特种作业安全生产基本知识. 北京：中国建筑工业出版社，2009

[2] 那建兴，田占稳. 建筑施工特种作业安全生产基本知识. 北京：中国铁道出版社，2009

[3] "国家安全生产法制教育丛书"编委会. 伤亡事故防范及调查处理法规读本. 北京：中国劳动社会保障出版社，2009

[4] 江辉. 建筑施工安全技术与管理. 北京：中国电力出版社，2005

[5] 罗云. 建筑施工安全管理全书. 北京：中国建材工业出版社，1998

[6] 张东普. 生产现场伤害与急救. 北京：化学工业出版社，2005

[7] 广州市建筑集团有限公司. 实用建筑施工安全手册. 北京：中国建筑工业出版社，1999

[8] 建筑勘察与施工管理全书编写组. 建筑勘察与施工管理规范全书. 呼和浩特：内蒙古人民出版社，2004

[9] 安全生产、劳动保护政策法规系列专辑编委会. 建筑施工安全专辑. 北京：中国劳动社会保障出版社，2002

[10] 安全生产、劳动保护政策法规系列专辑编委会. 特种作业人员安全技术培训大纲考核标准（通用部分）专辑. 北京：中国劳动社会保障出版社，2003

[11] 孙建平. 建筑施工安全事故警示录. 北京：中国建筑工业出版社，2003

[12] 洪亮. 建筑与市政建设施工安全知识. 北京：中国劳

动社会保障出版社，2006

　　[13] 张瑞生．建筑工程安全管理．武汉：武汉理工大学出版社，2009

　　[14] 周平．浅谈施工企业如何做好三级安全教育．广西城镇建设．2010，8

　　[15] 谢国光．浅谈现阶段农民工的安全技能培训教育．建筑安全．2007，7

　　[16] 孙海禄．浅谈建筑施工企业特种设备的安全管理．现代职业安全．2008，4

　　[17] 段伟利．企业安全生产主体责任制度实施方法．中国安全生产科学技术．2010，6

　　[18] 王庆运．企业安全生产主体责任理论探讨．中国安全生产科学技术．2008，6

　　[19] 李先跃．施工现场用电安全隐患及解决措施．电力安全技术．2004，6

　　[20] 刘文．浅谈施工现场用电安全．现代企业文化．2009，3

　　[21] 李尚级．试析施工用电的安全隐患及防范措施．山西建筑．2010，36

　　[22] 黄海滨．试论建筑施工用电安全．科技信息．2009，23

　　[23] 文刘洋，赵佳云，赵新宇．施工现场临时安全用电初探．中国新技术新产品．2010，8

　　[24] 史国莲．施工场所高处作业坠落事故的分析及防治．煤．2010，3

　　[25] 曹阳坤．高处作业安全技术要点．建筑工人．2010，31